Mon Carnet de Montres

- Nom :
- Prénom :
- Adresse :

Mon Carnet de Montres

Fabricant / Marque : _______________________ Origine : _______________________

Date d'aquisition : _______________ Prix : _______________ n° article : _______________

COULEURS : _______________________

BRACELET : ☐ Cuir ☐ Métal ☐ Plastique ☐ Tissus ☐ Caoutchouc ☐ Bois

☐ Nato ☐ Autres : _______________________

BOÎTIER FORME : ☐ Rond ☐ Rectangle ☐ Autre _______________

BOÎTIER MATIÈRE :

☐ Acier ☐ Or ☐ Bronze & laiton

☐ Carbone ☐ Titane ☐ Céramique technique

☐ Aluminium ☐ Bois ☐ Matières plastiques

☐ Platine ☐ Silicium ☐ Plaqués

FERMOIR :

☐ À boucle ardillon ☐ À boucle déployante double

☐ À boucle déployante simple ☐ Papillon à boucle invisible

☐ À clip ☐ Autres

VERRE :

☐ Acrylique ☐ Saphir ☐ Minéral ☐ Plexi ☐ Autre _______________

TYPES DE FINITIONS :

☐ Polissage ☐ Satinage ☐ Traitement pvd ☐ Microbillage

TYPES DE MONTRES :

☐ Classique ☐ Moderne ☐ Originale ☐ Numériques

☐ Chronographe ☐ Squelette ☐ Aviateur ☐ De plongée

☐ Militaire ☐ Vintage ☐ Quartz ☐ Automatique

☐ Extra plate ☐ Espace ☐ À gousset ☐ Grand format

☐ Luxe ☐ Sport

MOUVEMENT :

☐ Mécanique à remontage manuel ☐ Électronique à quartz solaire

☐ À remontage automatique ☐ Électronique à quartz kinétique

☐ Électronique à quartz ☐ Autre

ÉTANCHÉITÉ :

- ☐ Water resist / 0 ATM
- ☐ 30 Mètres / 3 ATM
- ☐ 50 Mètres / 5 ATM
- ☐ 100 Mètres / 10 ATM
- ☐ 200 Mètres / 20 ATM
- ☐ 300 Mètres / 30 ATM

Révision étanchéïté le :

OPTIONS :

- ☐ Connectée / Bluetooth
- ☐ GPS
- ☐ GSM
- ☐ Autres :

Note ou particularité :

OCCASION :

- ☐ Ville
- ☐ Soirée
- ☐ Sport
- ☐ Loisir
- ☐ Autres

N° :

Mon Carnet de Montres

Fabricant / Marque : _______________________ Origine : _______________

Date d'aquisition : _____________ Prix : __________ n° article : __________

COULEURS : ____

BRACELET : ☐ Cuir ☐ Métal ☐ Plastique ☐ Tissus ☐ Caoutchouc ☐ Bois
☐ Nato ☐ Autres : _________________________________

BOÎTIER FORME : ☐ Rond ☐ Rectangle ☐ Autre _______________

BOÎTIER MATIÈRE :

☐ Acier ☐ Or ☐ Bronze & laiton
☐ Carbone ☐ Titane ☐ Céramique technique
☐ Aluminium ☐ Bois ☐ Matières plastiques
☐ Platine ☐ Silicium ☐ Plaqués

FERMOIR :

☐ À boucle ardillon ☐ À boucle déployante double
☐ À boucle déployante simple ☐ Papillon à boucle invisible
☐ À clip ☐ Autres

VERRE :

☐ Acrylique ☐ Saphir ☐ Minéral ☐ Plexi ☐ Autre _______________

TYPES DE FINITIONS :

☐ Polissage ☐ Satinage ☐ Traitement pvd ☐ Microbillage

TYPES DE MONTRES :

☐ Classique ☐ Moderne ☐ Originale ☐ Numériques
☐ Chronographe ☐ Squelette ☐ Aviateur ☐ De plongée
☐ Militaire ☐ Vintage ☐ Quartz ☐ Automatique
☐ Extra plate ☐ Espace ☐ À gousset ☐ Grand format
☐ Luxe ☐ Sport

MOUVEMENT :

☐ Mécanique à remontage manuel ☐ Électronique à quartz solaire
☐ À remontage automatique ☐ Électronique à quartz kinétique
☐ Électronique à quartz ☐ Autre _______________

ÉTANCHÉITÉ :

☐ Water resist / 0 ATM ☐ 50 Mètres / 5 ATM ☐ 200 Mètres / 20 ATM
☐ 30 Mètres / 3 ATM ☐ 100 Mètres / 10 ATM ☐ 300 Mètres / 30 ATM

Révision étanchéïté le :

OPTIONS :

☐ Connectée / Bluetooth ☐ GPS ☐ GSM

☐ Autres :

Note ou particularité :

OCCASION :

☐ Ville
☐ Soirée
☐ Sport
☐ Loisir
☐ Autres

N°:

Mon Carnet de Montres

Fabricant / Marque : _______________________ Origine : _______________

Date d'aquisition : _____________ Prix : ___________ n° article : __________

COULEURS :

BRACELET : ☐ Cuir ☐ Métal ☐ Plastique ☐ Tissus ☐ Caoutchouc ☐ Bois

☐ Nato ☐ Autres : _______________________

BOÎTIER FORME : ☐ Rond ☐ Rectangle ☐ Autre _______________

BOÎTIER MATIÈRE :

☐ Acier ☐ Or ☐ Bronze & laiton

☐ Carbone ☐ Titane ☐ Céramique technique

☐ Aluminium ☐ Bois ☐ Matières plastiques

☐ Platine ☐ Silicium ☐ Plaqués

FERMOIR :

☐ À boucle ardillon ☐ À boucle déployante double

☐ À boucle déployante simple ☐ Papillon à boucle invisible

☐ À clip ☐ Autres

VERRE :

☐ Acrylique ☐ Saphir ☐ Minéral ☐ Plexi ☐ Autre _______________

TYPES DE FINITIONS :

☐ Polissage ☐ Satinage ☐ Traitement pvd ☐ Microbillage

TYPES DE MONTRES :

☐ Classique ☐ Moderne ☐ Originale ☐ Numériques

☐ Chronographe ☐ Squelette ☐ Aviateur ☐ De plongée

☐ Militaire ☐ Vintage ☐ Quartz ☐ Automatique

☐ Extra plate ☐ Espace ☐ À gousset ☐ Grand format

☐ Luxe ☐ Sport

MOUVEMENT :

☐ Mécanique à remontage manuel ☐ Électronique à quartz solaire

☐ À remontage automatique ☐ Électronique à quartz kinétique

☐ Électronique à quartz ☐ Autre _______________

ÉTANCHÉITÉ :

☐ Water resist / 0 ATM   ☐ 50 Mètres / 5 ATM   ☐ 200 Mètres / 20 ATM
☐ 30 Mètres / 3 ATM   ☐ 100 Mètres / 10 ATM   ☐ 300 Mètres / 30 ATM

Révision étanchéïté le :

OPTIONS :

☐ Connectée / Bluetooth   ☐ GPS   ☐ GSM

☐ Autres :

Note ou particularité :

OCCASION :

☐ Ville
☐ Soirée
☐ Sport
☐ Loisir
☐ Autres

N°:

Mon Carnet de Montres

Fabricant / Marque : _________________________   Origine : _________________________

Date d'aquisition : _____________   Prix : _____________   n° article : _____________

COULEURS :

BRACELET : ☐ Cuir ☐ Métal ☐ Plastique ☐ Tissus ☐ Caoutchouc ☐ Bois

☐ Nato   ☐ Autres : _________________________

BOÎTIER FORME : ☐ Rond   ☐ Rectangle   ☐ Autre _________________________

BOÎTIER MATIÈRE :

☐ Acier   ☐ Or   ☐ Bronze & laiton
☐ Carbone   ☐ Titane   ☐ Céramique technique
☐ Aluminium   ☐ Bois   ☐ Matières plastiques
☐ Platine   ☐ Silicium   ☐ Plaqués

FERMOIR :

☐ À boucle ardillon   ☐ À boucle déployante double
☐ À boucle déployante simple   ☐ Papillon à boucle invisible
☐ À clip   ☐ Autres

VERRE :

☐ Acrylique   ☐ Saphir   ☐ Minéral   ☐ Plexi   ☐ Autre _____________

TYPES DE FINITIONS :

☐ Polissage   ☐ Satinage   ☐ Traitement pvd   ☐ Microbillage

TYPES DE MONTRES :

☐ Classique   ☐ Moderne   ☐ Originale   ☐ Numériques
☐ Chronographe   ☐ Squelette   ☐ Aviateur   ☐ De plongée
☐ Militaire   ☐ Vintage   ☐ Quartz   ☐ Automatique
☐ Extra plate   ☐ Espace   ☐ À gousset   ☐ Grand format
☐ Luxe   ☐ Sport

MOUVEMENT :

☐ Mécanique à remontage manuel   ☐ Électronique à quartz solaire
☐ À remontage automatique   ☐ Électronique à quartz kinétique
☐ Électronique à quartz   ☐ Autre

ÉTANCHÉITÉ :

☐ Water resist / 0 ATM   ☐ 50 Mètres / 5 ATM   ☐ 200 Mètres / 20 ATM
☐ 30 Mètres / 3 ATM   ☐ 100 Mètres / 10 ATM   ☐ 300 Mètres / 30 ATM

Révision étanchéïté le :

OPTIONS :

☐ Connectée / Bluetooth   ☐ GPS   ☐ GSM

☐ Autres :

Note ou particularité :

OCCASION :

☐ Ville
☐ Soirée
☐ Sport
☐ Loisir
☐ Autres

N°:

Mon Carnet de Montres

Fabricant / Marque : _______________________ Origine : _______________

Date d'aquisition : _____________ Prix : _____________ n° article : _____________

COULEURS : ____

BRACELET : ☐ Cuir ☐ Métal ☐ Plastique ☐ Tissus ☐ Caoutchouc ☐ Bois

☐ Nato ☐ Autres : _______________________________________

BOÎTIER FORME : ☐ Rond ☐ Rectangle ☐ Autre _______________

BOÎTIER MATIÈRE :

☐ Acier ☐ Or ☐ Bronze & laiton

☐ Carbone ☐ Titane ☐ Céramique technique

☐ Aluminium ☐ Bois ☐ Matières plastiques

☐ Platine ☐ Silicium ☐ Plaqués

FERMOIR :

☐ À boucle ardillon ☐ À boucle déployante double

☐ À boucle déployante simple ☐ Papillon à boucle invisible

☐ À clip ☐ Autres

VERRE :

☐ Acrylique ☐ Saphir ☐ Minéral ☐ Plexi ☐ Autre _______________

TYPES DE FINITIONS :

☐ Polissage ☐ Satinage ☐ Traitement pvd ☐ Microbillage

TYPES DE MONTRES :

☐ Classique ☐ Moderne ☐ Originale ☐ Numériques

☐ Chronographe ☐ Squelette ☐ Aviateur ☐ De plongée

☐ Militaire ☐ Vintage ☐ Quartz ☐ Automatique

☐ Extra plate ☐ Espace ☐ À gousset ☐ Grand format

☐ Luxe ☐ Sport

MOUVEMENT :

☐ Mécanique à remontage manuel ☐ Électronique à quartz solaire

☐ À remontage automatique ☐ Électronique à quartz kinétique

☐ Électronique à quartz ☐ Autre _______________

ÉTANCHÉITÉ :

☐ Water resist / 0 ATM ☐ 50 Mètres / 5 ATM ☐ 200 Mètres / 20 ATM

☐ 30 Mètres / 3 ATM ☐ 100 Mètres / 10 ATM ☐ 300 Mètres / 30 ATM

Révision étanchéïté le :

OPTIONS :

☐ Connectée / Bluetooth ☐ GPS ☐ GSM

☐ Autres :

Note ou particularité :

OCCASION :

☐ Ville

☐ Soirée

☐ Sport

☐ Loisir

☐ Autres

N°:

Mon Carnet de Montres

Fabricant / Marque : _______________________   Origine : _______________

Date d'aquisition : _____________   Prix : _____________   n° article : _____________

COULEURS : ____

BRACELET : ☐ Cuir ☐ Métal ☐ Plastique ☐ Tissus ☐ Caoutchouc ☐ Bois

☐ Nato ☐ Autres : ____

BOÎTIER FORME : ☐ Rond ☐ Rectangle ☐ Autre ___________________

BOÎTIER MATIÈRE :

☐ Acier ☐ Or ☐ Bronze & laiton

☐ Carbone ☐ Titane ☐ Céramique technique

☐ Aluminium ☐ Bois ☐ Matières plastiques

☐ Platine ☐ Silicium ☐ Plaqués

FERMOIR :

☐ À boucle ardillon ☐ À boucle déployante double

☐ À boucle déployante simple ☐ Papillon à boucle invisible

☐ À clip ☐ Autres

VERRE :

☐ Acrylique ☐ Saphir ☐ Minéral ☐ Plexi ☐ Autre ___________

TYPES DE FINITIONS :

☐ Polissage ☐ Satinage ☐ Traitement pvd ☐ Microbillage

TYPES DE MONTRES :

☐ Classique ☐ Moderne ☐ Originale ☐ Numériques

☐ Chronographe ☐ Squelette ☐ Aviateur ☐ De plongée

☐ Militaire ☐ Vintage ☐ Quartz ☐ Automatique

☐ Extra plate ☐ Espace ☐ À gousset ☐ Grand format

☐ Luxe ☐ Sport

MOUVEMENT :

☐ Mécanique à remontage manuel ☐ Électronique à quartz solaire

☐ À remontage automatique ☐ Électronique à quartz kinétique

☐ Électronique à quartz ☐ Autre

ÉTANCHÉITÉ :

☐ Water resist / 0 ATM   ☐ 50 Mètres / 5 ATM   ☐ 200 Mètres / 20 ATM
☐ 30 Mètres / 3 ATM   ☐ 100 Mètres / 10 ATM   ☐ 300 Mètres / 30 ATM

Révision étanchéïté le :

OPTIONS :

☐ Connectée / Bluetooth   ☐ GPS   ☐ GSM

☐ Autres :

Note ou particularité :

OCCASION :

☐ Ville
☐ Soirée
☐ Sport
☐ Loisir
☐ Autres

N°:

Mon Carnet de Montres

Fabricant / Marque : _______________________ Origine : _______________________

Date d'aquisition : _____________ Prix : _____________ n° article : _____________

COULEURS :

BRACELET : ☐ Cuir ☐ Métal ☐ Plastique ☐ Tissus ☐ Caoutchouc ☐ Bois
☐ Nato ☐ Autres : _______________________

BOÎTIER FORME : ☐ Rond ☐ Rectangle ☐ Autre _______________________

BOÎTIER MATIÈRE :

☐ Acier ☐ Or ☐ Bronze & laiton
☐ Carbone ☐ Titane ☐ Céramique technique
☐ Aluminium ☐ Bois ☐ Matières plastiques
☐ Platine ☐ Silicium ☐ Plaqués

FERMOIR :

☐ À boucle ardillon ☐ À boucle déployante double
☐ À boucle déployante simple ☐ Papillon à boucle invisible
☐ À clip ☐ Autres

VERRE :

☐ Acrylique ☐ Saphir ☐ Minéral ☐ Plexi ☐ Autre _______________________

TYPES DE FINITIONS :

☐ Polissage ☐ Satinage ☐ Traitement pvd ☐ Microbillage

TYPES DE MONTRES :

☐ Classique ☐ Moderne ☐ Originale ☐ Numériques
☐ Chronographe ☐ Squelette ☐ Aviateur ☐ De plongée
☐ Militaire ☐ Vintage ☐ Quartz ☐ Automatique
☐ Extra plate ☐ Espace ☐ À gousset ☐ Grand format
☐ Luxe ☐ Sport

MOUVEMENT :

☐ Mécanique à remontage manuel ☐ Électronique à quartz solaire
☐ À remontage automatique ☐ Électronique à quartz kinétique
☐ Électronique à quartz ☐ Autre

ÉTANCHÉITÉ :

☐ Water resist / 0 ATM   ☐ 50 Mètres / 5 ATM   ☐ 200 Mètres / 20 ATM

☐ 30 Mètres / 3 ATM   ☐ 100 Mètres / 10 ATM   ☐ 300 Mètres / 30 ATM

Révision étanchéïté le :

OPTIONS :

☐ Connectée / Bluetooth   ☐ GPS   ☐ GSM

☐ Autres :

Note ou particularité :

OCCASION :

☐ Ville

☐ Soirée

☐ Sport

☐ Loisir

☐ Autres

N° :

Mon Carnet de Montres

Fabricant / Marque : _______________________   Origine : _______________

Date d'aquisition : ___________   Prix : ___________   n° article : ___________

COULEURS : _______________________________

BRACELET : ☐ Cuir ☐ Métal ☐ Plastique ☐ Tissus ☐ Caoutchouc ☐ Bois
☐ Nato   ☐ Autres : _______________________

BOÎTIER FORME : ☐ Rond   ☐ Rectangle   ☐ Autre _______________

BOÎTIER MATIÈRE :

☐ Acier
☐ Carbone
☐ Aluminium
☐ Platine

☐ Or
☐ Titane
☐ Bois
☐ Silicium

☐ Bronze & laiton
☐ Céramique technique
☐ Matières plastiques
☐ Plaqués

FERMOIR :

☐ À boucle ardillon
☐ À boucle déployante simple
☐ À clip

☐ À boucle déployante double
☐ Papillon à boucle invisible
☐ Autres

VERRE :

☐ Acrylique ☐ Saphir ☐ Minéral ☐ Plexi ☐ Autre _______________

TYPES DE FINITIONS :

☐ Polissage   ☐ Satinage   ☐ Traitement pvd   ☐ Microbillage

TYPES DE MONTRES :

☐ Classique
☐ Chronographe
☐ Militaire
☐ Extra plate
☐ Luxe

☐ Moderne
☐ Squelette
☐ Vintage
☐ Espace
☐ Sport

☐ Originale
☐ Aviateur
☐ Quartz
☐ À gousset

☐ Numériques
☐ De plongée
☐ Automatique
☐ Grand format

MOUVEMENT :

☐ Mécanique à remontage manuel
☐ À remontage automatique
☐ Électronique à quartz

☐ Électronique à quartz solaire
☐ Électronique à quartz kinétique
☐ Autre

ÉTANCHÉITÉ :
☐ Water resist / 0 ATM
☐ 30 Mètres / 3 ATM
☐ 50 Mètres / 5 ATM
☐ 100 Mètres / 10 ATM
☐ 200 Mètres / 20 ATM
☐ 300 Mètres / 30 ATM
Révision étanchéïté le :

OPTIONS :
☐ Connectée / Bluetooth   ☐ GPS   ☐ GSM
☐ Autres :

Note ou particularité :

OCCASION :
☐ Ville
☐ Soirée
☐ Sport
☐ Loisir
☐ Autres

N°:

Mon Carnet de Montres

Fabricant / Marque : _______________________   Origine : _______________

Date d'aquisition : __________   Prix : __________   n° article : __________

COULEURS : ____

BRACELET : ☐ Cuir ☐ Métal ☐ Plastique ☐ Tissus ☐ Caoutchouc ☐ Bois
☐ Nato   ☐ Autres : ______________________________

BOÎTIER FORME : ☐ Rond   ☐ Rectangle   ☐ Autre ________________

BOÎTIER MATIÈRE :

☐ Acier   ☐ Or   ☐ Bronze & laiton
☐ Carbone   ☐ Titane   ☐ Céramique technique
☐ Aluminium   ☐ Bois   ☐ Matières plastiques
☐ Platine   ☐ Silicium ☐ Plaqués

FERMOIR :

☐ À boucle ardillon   ☐ À boucle déployante double
☐ À boucle déployante simple   ☐ Papillon à boucle invisible
☐ À clip   ☐ Autres

VERRE :

☐ Acrylique   ☐ Saphir   ☐ Minéral   ☐ Plexi   ☐ Autre ________

TYPES DE FINITIONS :

☐ Polissage   ☐ Satinage   ☐ Traitement pvd   ☐ Microbillage

TYPES DE MONTRES :

☐ Classique   ☐ Moderne   ☐ Originale   ☐ Numériques
☐ Chronographe   ☐ Squelette   ☐ Aviateur   ☐ De plongée
☐ Militaire   ☐ Vintage   ☐ Quartz   ☐ Automatique
☐ Extra plate   ☐ Espace   ☐ À gousset   ☐ Grand format
☐ Luxe   ☐ Sport

MOUVEMENT :

☐ Mécanique à remontage manuel   ☐ Électronique à quartz solaire
☐ À remontage automatique   ☐ Électronique à quartz kinétique
☐ Électronique à quartz   ☐ Autre

ÉTANCHÉITÉ :

☐ Water resist / 0 ATM   ☐ 50 Mètres / 5 ATM   ☐ 200 Mètres / 20 ATM

☐ 30 Mètres / 3 ATM   ☐ 100 Mètres / 10 ATM   ☐ 300 Mètres / 30 ATM

Révision étanchéïté le :

OPTIONS :

☐ Connectée / Bluetooth   ☐ GPS   ☐ GSM

☐ Autres :

Note ou particularité :

OCCASION :

☐ Ville

☐ Soirée

☐ Sport

☐ Loisir

☐ Autres

N°:

Mon Carnet de Montres

Fabricant / Marque : _______________________ Origine : _______________________

Date d'aquisition : _______________ Prix : _______________ n° article : _______________

COULEURS : _______________

BRACELET : ☐ Cuir ☐ Métal ☐ Plastique ☐ Tissus ☐ Caoutchouc ☐ Bois
☐ Nato ☐ Autres : _______________

BOÎTIER FORME : ☐ Rond ☐ Rectangle ☐ Autre _______________

BOÎTIER MATIÈRE :

☐ Acier ☐ Or ☐ Bronze & laiton
☐ Carbone ☐ Titane ☐ Céramique technique
☐ Aluminium ☐ Bois ☐ Matières plastiques
☐ Platine ☐ Silicium ☐ Plaqués

FERMOIR :

☐ À boucle ardillon ☐ À boucle déployante double
☐ À boucle déployante simple ☐ Papillon à boucle invisible
☐ À clip ☐ Autres

VERRE :

☐ Acrylique ☐ Saphir ☐ Minéral ☐ Plexi ☐ Autre _______________

TYPES DE FINITIONS :

☐ Polissage ☐ Satinage ☐ Traitement pvd ☐ Microbillage

TYPES DE MONTRES :

☐ Classique ☐ Moderne ☐ Originale ☐ Numériques
☐ Chronographe ☐ Squelette ☐ Aviateur ☐ De plongée
☐ Militaire ☐ Vintage ☐ Quartz ☐ Automatique
☐ Extra plate ☐ Espace ☐ À gousset ☐ Grand format
☐ Luxe ☐ Sport

MOUVEMENT :

☐ Mécanique à remontage manuel ☐ Électronique à quartz solaire
☐ À remontage automatique ☐ Électronique à quartz kinétique
☐ Électronique à quartz ☐ Autre

ÉTANCHÉITÉ :

☐ Water resist / 0 ATM   ☐ 50 Mètres / 5 ATM   ☐ 200 Mètres / 20 ATM

☐ 30 Mètres / 3 ATM   ☐ 100 Mètres / 10 ATM   ☐ 300 Mètres / 30 ATM

Révision étanchéïté le :

OPTIONS :

☐ Connectée / Bluetooth   ☐ GPS   ☐ GSM

☐ Autres :

Note ou particularité :

OCCASION :

☐ Ville

☐ Soirée

☐ Sport

☐ Loisir

☐ Autres

N° :

Mon Carnet de Montres

Fabricant / Marque : _______________________ Origine : _______________

Date d'aquisition : _____________ Prix : _________ n° article : _________

COULEURS : ____

BRACELET : ☐ Cuir ☐ Métal ☐ Plastique ☐ Tissus ☐ Caoutchouc ☐ Bois
☐ Nato   ☐ Autres : _______________________________

BOÎTIER FORME : ☐ Rond   ☐ Rectangle   ☐ Autre ____________

BOÎTIER MATIÈRE :

☐ Acier   ☐ Or   ☐ Bronze & laiton
☐ Carbone   ☐ Titane   ☐ Céramique technique
☐ Aluminium   ☐ Bois   ☐ Matières plastiques
☐ Platine   ☐ Silicium   ☐ Plaqués

FERMOIR :

☐ À boucle ardillon   ☐ À boucle déployante double
☐ À boucle déployante simple   ☐ Papillon à boucle invisible
☐ À clip   ☐ Autres

VERRE :

☐ Acrylique   ☐ Saphir   ☐ Minéral   ☐ Plexi   ☐ Autre __________

TYPES DE FINITIONS :

☐ Polissage   ☐ Satinage   ☐ Traitement pvd   ☐ Microbillage

TYPES DE MONTRES :

☐ Classique   ☐ Moderne   ☐ Originale   ☐ Numériques
☐ Chronographe   ☐ Squelette   ☐ Aviateur   ☐ De plongée
☐ Militaire   ☐ Vintage   ☐ Quartz   ☐ Automatique
☐ Extra plate   ☐ Espace   ☐ À gousset   ☐ Grand format
☐ Luxe   ☐ Sport

MOUVEMENT :

☐ Mécanique à remontage manuel   ☐ Électronique à quartz solaire
☐ À remontage automatique   ☐ Électronique à quartz kinétique
☐ Électronique à quartz   ☐ Autre ____________

ÉTANCHÉITÉ :

☐ Water resist / 0 ATM ☐ 50 Mètres / 5 ATM ☐ 200 Mètres / 20 ATM
☐ 30 Mètres / 3 ATM ☐ 100 Mètres / 10 ATM ☐ 300 Mètres / 30 ATM

Révision étanchéïté le :

OPTIONS :

☐ Connectée / Bluetooth ☐ GPS ☐ GSM

☐ Autres :

Note ou particularité :

OCCASION :

☐ Ville
☐ Soirée
☐ Sport
☐ Loisir
☐ Autres

N°:

Mon Carnet de Montres

Fabricant / Marque : _______________________   Origine : _______________________

Date d'aquisition : _______________   Prix : _______________   n° article : _______________

COULEURS : _______________________________________

BRACELET : ☐ Cuir   ☐ Métal   ☐ Plastique   ☐ Tissus   ☐ Caoutchouc   ☐ Bois

☐ Nato   ☐ Autres : _______________

BOÎTIER FORME : ☐ Rond   ☐ Rectangle   ☐ Autre _______________

BOÎTIER MATIÈRE :

☐ Acier   ☐ Or   ☐ Bronze & laiton
☐ Carbone   ☐ Titane   ☐ Céramique technique
☐ Aluminium   ☐ Bois   ☐ Matières plastiques
☐ Platine   ☐ Silicium   ☐ Plaqués

FERMOIR :

☐ À boucle ardillon   ☐ À boucle déployante double
☐ À boucle déployante simple   ☐ Papillon à boucle invisible
☐ À clip   ☐ Autres

VERRE :

☐ Acrylique   ☐ Saphir   ☐ Minéral   ☐ Plexi   ☐ Autre _______________

TYPES DE FINITIONS :

☐ Polissage   ☐ Satinage   ☐ Traitement pvd   ☐ Microbillage

TYPES DE MONTRES :

☐ Classique   ☐ Moderne   ☐ Originale   ☐ Numériques
☐ Chronographe   ☐ Squelette   ☐ Aviateur   ☐ De plongée
☐ Militaire   ☐ Vintage   ☐ Quartz   ☐ Automatique
☐ Extra plate   ☐ Espace   ☐ À gousset   ☐ Grand format
☐ Luxe   ☐ Sport

MOUVEMENT :

☐ Mécanique à remontage manuel   ☐ Électronique à quartz solaire
☐ À remontage automatique   ☐ Électronique à quartz kinétique
☐ Électronique à quartz   ☐ Autre _______________

ÉTANCHÉITÉ :

☐ Water resist / 0 ATM   ☐ 50 Mètres / 5 ATM   ☐ 200 Mètres / 20 ATM
☐ 30 Mètres / 3 ATM   ☐ 100 Mètres / 10 ATM   ☐ 300 Mètres / 30 ATM

Révision étanchéïté le :

OPTIONS :

☐ Connectée / Bluetooth   ☐ GPS   ☐ GSM

☐ Autres :

Note ou particularité :

OCCASION :

☐ Ville
☐ Soirée
☐ Sport
☐ Loisir
☐ Autres

photo ou dessin

N°:

Mon Carnet de Montres

Fabricant / Marque : _______________________   Origine : _______________

Date d'aquisition : ____________   Prix : __________   n° article : __________

COULEURS : ____

BRACELET : ☐ Cuir   ☐ Métal   ☐ Plastique   ☐ Tissus   ☐ Caoutchouc   ☐ Bois
☐ Nato   ☐ Autres : _______________________________

BOÎTIER FORME : ☐ Rond   ☐ Rectangle   ☐ Autre _______________

BOÎTIER MATIÈRE :

☐ Acier   ☐ Or   ☐ Bronze & laiton
☐ Carbone   ☐ Titane   ☐ Céramique technique
☐ Aluminium   ☐ Bois   ☐ Matières plastiques
☐ Platine   ☐ Silicium   ☐ Plaqués

FERMOIR :

☐ À boucle ardillon   ☐ À boucle déployante double
☐ À boucle déployante simple   ☐ Papillon à boucle invisible
☐ À clip   ☐ Autres

VERRE :

☐ Acrylique   ☐ Saphir   ☐ Minéral   ☐ Plexi   ☐ Autre _______________

TYPES DE FINITIONS :

☐ Polissage   ☐ Satinage   ☐ Traitement pvd   ☐ Microbillage

TYPES DE MONTRES :

☐ Classique   ☐ Moderne   ☐ Originale   ☐ Numériques
☐ Chronographe   ☐ Squelette   ☐ Aviateur   ☐ De plongée
☐ Militaire   ☐ Vintage   ☐ Quartz   ☐ Automatique
☐ Extra plate   ☐ Espace   ☐ À gousset   ☐ Grand format
☐ Luxe   ☐ Sport

MOUVEMENT :

☐ Mécanique à remontage manuel   ☐ Électronique à quartz solaire
☐ À remontage automatique   ☐ Électronique à quartz kinétique
☐ Électronique à quartz   ☐ Autre _______________

ÉTANCHÉITÉ :

☐ Water resist / 0 ATM ☐ 50 Mètres / 5 ATM ☐ 200 Mètres / 20 ATM
☐ 30 Mètres / 3 ATM ☐ 100 Mètres / 10 ATM ☐ 300 Mètres / 30 ATM

Révision étanchéïté le :

OPTIONS :

☐ Connectée / Bluetooth ☐ GPS ☐ GSM

☐ Autres :

Note ou particularité :

OCCASION :

☐ Ville
☐ Soirée
☐ Sport
☐ Loisir
☐ Autres

N°:

Mon Carnet de Montres

Fabricant / Marque : _________________ Origine : _________________

Date d'aquisition : _________ Prix : _______ n° article : _________

COULEURS : _______________________________

BRACELET : ☐ Cuir ☐ Métal ☐ Plastique ☐ Tissus ☐ Caoutchouc ☐ Bois
☐ Nato ☐ Autres : _______________

BOÎTIER FORME : ☐ Rond ☐ Rectangle ☐ Autre _______________

BOÎTIER MATIÈRE :

☐ Acier ☐ Or ☐ Bronze & laiton
☐ Carbone ☐ Titane ☐ Céramique technique
☐ Aluminium ☐ Bois ☐ Matières plastiques
☐ Platine ☐ Silicium ☐ Plaqués

FERMOIR :

☐ À boucle ardillon ☐ À boucle déployante double
☐ À boucle déployante simple ☐ Papillon à boucle invisible
☐ À clip ☐ Autres

VERRE :

☐ Acrylique ☐ Saphir ☐ Minéral ☐ Plexi ☐ Autre _______________

TYPES DE FINITIONS :

☐ Polissage ☐ Satinage ☐ Traitement pvd ☐ Microbillage

TYPES DE MONTRES :

☐ Classique ☐ Moderne ☐ Originale ☐ Numériques
☐ Chronographe ☐ Squelette ☐ Aviateur ☐ De plongée
☐ Militaire ☐ Vintage ☐ Quartz ☐ Automatique
☐ Extra plate ☐ Espace ☐ À gousset ☐ Grand format
☐ Luxe ☐ Sport

MOUVEMENT :

☐ Mécanique à remontage manuel ☐ Électronique à quartz solaire
☐ À remontage automatique ☐ Électronique à quartz kinétique
☐ Électronique à quartz ☐ Autre _______________

ÉTANCHÉITÉ :

- ☐ Water resist / 0 ATM
- ☐ 30 Mètres / 3 ATM
- ☐ 50 Mètres / 5 ATM
- ☐ 100 Mètres / 10 ATM
- ☐ 200 Mètres / 20 ATM
- ☐ 300 Mètres / 30 ATM

Révision étanchéité le :

OPTIONS :

- ☐ Connectée / Bluetooth
- ☐ GPS
- ☐ GSM
- ☐ Autres :

Note ou particularité :

OCCASION :

- ☐ Ville
- ☐ Soirée
- ☐ Sport
- ☐ Loisir
- ☐ Autres

N°:

Mon Carnet de Montres

Fabricant / Marque : _______________________   Origine : _______________

Date d'aquisition : _____________   Prix : _____________   n° article : _____________

COULEURS : _______________________

BRACELET : ☐ Cuir ☐ Métal ☐ Plastique ☐ Tissus ☐ Caoutchouc ☐ Bois
☐ Nato   ☐ Autres : _______________________

BOÎTIER FORME : ☐ Rond   ☐ Rectangle   ☐ Autre _______________

BOÎTIER MATIÈRE :

☐ Acier   ☐ Or   ☐ Bronze & laiton
☐ Carbone   ☐ Titane   ☐ Céramique technique
☐ Aluminium   ☐ Bois   ☐ Matières plastiques
☐ Platine   ☐ Silicium   ☐ Plaqués

FERMOIR :

☐ À boucle ardillon   ☐ À boucle déployante double
☐ À boucle déployante simple   ☐ Papillon à boucle invisible
☐ À clip   ☐ Autres

VERRE :

☐ Acrylique ☐ Saphir ☐ Minéral ☐ Plexi ☐ Autre _______________

TYPES DE FINITIONS :

☐ Polissage   ☐ Satinage   ☐ Traitement pvd   ☐ Microbillage

TYPES DE MONTRES :

☐ Classique   ☐ Moderne   ☐ Originale   ☐ Numériques
☐ Chronographe   ☐ Squelette   ☐ Aviateur   ☐ De plongée
☐ Militaire   ☐ Vintage   ☐ Quartz   ☐ Automatique
☐ Extra plate   ☐ Espace   ☐ À gousset   ☐ Grand format
☐ Luxe   ☐ Sport

MOUVEMENT :

☐ Mécanique à remontage manuel   ☐ Électronique à quartz solaire
☐ À remontage automatique   ☐ Électronique à quartz kinétique
☐ Électronique à quartz   ☐ Autre _______________

ÉTANCHÉITÉ :

- [ ] Water resist / 0 ATM
- [ ] 30 Mètres / 3 ATM
- [ ] 50 Mètres / 5 ATM
- [ ] 100 Mètres / 10 ATM
- [ ] 200 Mètres / 20 ATM
- [ ] 300 Mètres / 30 ATM

Révision étanchéïté le :

OPTIONS :

- [ ] Connectée / Bluetooth
- [ ] GPS
- [ ] GSM
- [ ] Autres :

Note ou particularité :

OCCASION :

- [ ] Ville
- [ ] Soirée
- [ ] Sport
- [ ] Loisir
- [ ] Autres

N°:

Mon Carnet de Montres

Fabricant / Marque : _______________________   Origine : _______________________

Date d'aquisition : _______________   Prix : _______________   n° article : _______________

COULEURS : _______________________

BRACELET : ☐ Cuir ☐ Métal ☐ Plastique ☐ Tissus ☐ Caoutchouc ☐ Bois
☐ Nato   ☐ Autres : _______________________

BOÎTIER FORME : ☐ Rond   ☐ Rectangle   ☐ Autre _______________

BOÎTIER MATIÈRE :

☐ Acier   ☐ Or   ☐ Bronze & laiton
☐ Carbone   ☐ Titane   ☐ Céramique technique
☐ Aluminium   ☐ Bois   ☐ Matières plastiques
☐ Platine   ☐ Silicium ☐ Plaqués

FERMOIR :

☐ À boucle ardillon   ☐ À boucle déployante double
☐ À boucle déployante simple   ☐ Papillon à boucle invisible
☐ À clip   ☐ Autres

VERRE :

☐ Acrylique ☐ Saphir ☐ Minéral ☐ Plexi ☐ Autre _______________

TYPES DE FINITIONS :

☐ Polissage   ☐ Satinage   ☐ Traitement pvd   ☐ Microbillage

TYPES DE MONTRES :

☐ Classique   ☐ Moderne   ☐ Originale   ☐ Numériques
☐ Chronographe   ☐ Squelette   ☐ Aviateur   ☐ De plongée
☐ Militaire   ☐ Vintage   ☐ Quartz   ☐ Automatique
☐ Extra plate   ☐ Espace   ☐ À gousset   ☐ Grand format
☐ Luxe   ☐ Sport

MOUVEMENT :

☐ Mécanique à remontage manuel   ☐ Électronique à quartz solaire
☐ À remontage automatique   ☐ Électronique à quartz kinétique
☐ Électronique à quartz   ☐ Autre

ÉTANCHÉITÉ :

☐ Water resist / 0 ATM   ☐ 50 Mètres / 5 ATM   ☐ 200 Mètres / 20 ATM

☐ 30 Mètres / 3 ATM   ☐ 100 Mètres / 10 ATM   ☐ 300 Mètres / 30 ATM

Révision étanchéité le :

OPTIONS :

☐ Connectée / Bluetooth   ☐ GPS   ☐ GSM

☐ Autres :

Note ou particularité :

OCCASION :

☐ Ville

☐ Soirée

☐ Sport

☐ Loisir

☐ Autres

N°:

Mon Carnet de Montres

Fabricant / Marque : ___________________ Origine : ___________

Date d'aquisition : ___________ Prix : ___________ n° article : ___________

COULEURS : ____

BRACELET : ☐ Cuir ☐ Métal ☐ Plastique ☐ Tissus ☐ Caoutchouc ☐ Bois

☐ Nato ☐ Autres : _______________________________________

BOÎTIER FORME : ☐ Rond ☐ Rectangle ☐ Autre _______________

BOÎTIER MATIÈRE :

☐ Acier ☐ Or ☐ Bronze & laiton

☐ Carbone ☐ Titane ☐ Céramique technique

☐ Aluminium ☐ Bois ☐ Matières plastiques

☐ Platine ☐ Silicium ☐ Plaqués

FERMOIR :

☐ À boucle ardillon ☐ À boucle déployante double

☐ À boucle déployante simple ☐ Papillon à boucle invisible

☐ À clip ☐ Autres

VERRE :

☐ Acrylique ☐ Saphir ☐ Minéral ☐ Plexi ☐ Autre _______________

TYPES DE FINITIONS :

☐ Polissage ☐ Satinage ☐ Traitement pvd ☐ Microbillage

TYPES DE MONTRES :

☐ Classique ☐ Moderne ☐ Originale ☐ Numériques

☐ Chronographe ☐ Squelette ☐ Aviateur ☐ De plongée

☐ Militaire ☐ Vintage ☐ Quartz ☐ Automatique

☐ Extra plate ☐ Espace ☐ À gousset ☐ Grand format

☐ Luxe ☐ Sport

MOUVEMENT :

☐ Mécanique à remontage manuel ☐ Électronique à quartz solaire

☐ À remontage automatique ☐ Électronique à quartz kinétique

☐ Électronique à quartz ☐ Autre _______________

ÉTANCHÉITÉ :

☐ Water resist / 0 ATM   ☐ 50 Mètres / 5 ATM   ☐ 200 Mètres / 20 ATM
☐ 30 Mètres / 3 ATM   ☐ 100 Mètres / 10 ATM   ☐ 300 Mètres / 30 ATM

Révision étanchéïté le :

OPTIONS :

☐ Connectée / Bluetooth   ☐ GPS   ☐ GSM

☐ Autres :

Note ou particularité :

OCCASION :

☐ Ville
☐ Soirée
☐ Sport
☐ Loisir
☐ Autres

N°:

Mon Carnet de Montres

Fabricant / Marque : _______________________   Origine : _______________

Date d'aquisition : _____________   Prix : __________   n° article : __________

COULEURS : _______________________________________

BRACELET : ☐ Cuir ☐ Métal ☐ Plastique ☐ Tissus ☐ Caoutchouc ☐ Bois

☐ Nato   ☐ Autres : _______________

BOÎTIER FORME : ☐ Rond   ☐ Rectangle   ☐ Autre _______________

BOÎTIER MATIÈRE :

☐ Acier   ☐ Or   ☐ Bronze & laiton
☐ Carbone   ☐ Titane   ☐ Céramique technique
☐ Aluminium   ☐ Bois   ☐ Matières plastiques
☐ Platine   ☐ Silicium   ☐ Plaqués

FERMOIR :

☐ À boucle ardillon   ☐ À boucle déployante double
☐ À boucle déployante simple   ☐ Papillon à boucle invisible
☐ À clip   ☐ Autres

VERRE :

☐ Acrylique   ☐ Saphir   ☐ Minéral   ☐ Plexi   ☐ Autre _______________

TYPES DE FINITIONS :

☐ Polissage   ☐ Satinage   ☐ Traitement pvd   ☐ Microbillage

TYPES DE MONTRES :

☐ Classique   ☐ Moderne   ☐ Originale   ☐ Numériques
☐ Chronographe   ☐ Squelette   ☐ Aviateur   ☐ De plongée
☐ Militaire   ☐ Vintage   ☐ Quartz   ☐ Automatique
☐ Extra plate   ☐ Espace   ☐ À gousset   ☐ Grand format
☐ Luxe   ☐ Sport

MOUVEMENT :

☐ Mécanique à remontage manuel   ☐ Électronique à quartz solaire
☐ À remontage automatique   ☐ Électronique à quartz kinétique
☐ Électronique à quartz   ☐ Autre

ÉTANCHÉITÉ :

☐ Water resist / 0 ATM   ☐ 50 Mètres / 5 ATM   ☐ 200 Mètres / 20 ATM
☐ 30 Mètres / 3 ATM   ☐ 100 Mètres / 10 ATM   ☐ 300 Mètres / 30 ATM

Révision étanchéité le :

OPTIONS :

☐ Connectée / Bluetooth   ☐ GPS   ☐ GSM

☐ Autres :

Note ou particularité :

OCCASION :

☐ Ville
☐ Soirée
☐ Sport
☐ Loisir
☐ Autres

N°:

Mon Carnet de Montres

Fabricant / Marque : _________________________ Origine : _________________________

Date d'aquisition : _________________ Prix : _________________ n° article : _________________

COULEURS : ____

BRACELET : ☐ Cuir ☐ Métal ☐ Plastique ☐ Tissus ☐ Caoutchouc ☐ Bois

☐ Nato ☐ Autres : ____

BOÎTIER FORME : ☐ Rond ☐ Rectangle ☐ Autre _________________

BOÎTIER MATIÈRE :

☐ Acier	☐ Or	☐ Bronze & laiton
☐ Carbone	☐ Titane	☐ Céramique technique
☐ Aluminium	☐ Bois	☐ Matières plastiques
☐ Platine	☐ Silicium	☐ Plaqués

FERMOIR :

☐ À boucle ardillon	☐ À boucle déployante double
☐ À boucle déployante simple	☐ Papillon à boucle invisible
☐ À clip	☐ Autres

VERRE :

☐ Acrylique ☐ Saphir ☐ Minéral ☐ Plexi ☐ Autre _________________

TYPES DE FINITIONS :

☐ Polissage ☐ Satinage ☐ Traitement pvd ☐ Microbillage

TYPES DE MONTRES :

☐ Classique	☐ Moderne	☐ Originale	☐ Numériques
☐ Chronographe	☐ Squelette	☐ Aviateur	☐ De plongée
☐ Militaire	☐ Vintage	☐ Quartz	☐ Automatique
☐ Extra plate	☐ Espace	☐ À gousset	☐ Grand format
☐ Luxe	☐ Sport		

MOUVEMENT :

☐ Mécanique à remontage manuel	☐ Électronique à quartz solaire
☐ À remontage automatique	☐ Électronique à quartz kinétique
☐ Électronique à quartz	☐ Autre

ÉTANCHÉITÉ :

☐ Water resist / 0 ATM ☐ 50 Mètres / 5 ATM ☐ 200 Mètres / 20 ATM
☐ 30 Mètres / 3 ATM ☐ 100 Mètres / 10 ATM ☐ 300 Mètres / 30 ATM

Révision étanchéïté le :

OPTIONS :

☐ Connectée / Bluetooth ☐ GPS ☐ GSM

☐ Autres :

Note ou particularité :

OCCASION :

☐ Ville
☐ Soirée
☐ Sport
☐ Loisir
☐ Autres

N°:

Mon Carnet de Montres

Fabricant / Marque : _______________________ Origine : _______________

Date d'aquisition : _______________ Prix : ___________ n° article : _____________

COULEURS : ____

BRACELET : ☐ Cuir ☐ Métal ☐ Plastique ☐ Tissus ☐ Caoutchouc ☐ Bois

☐ Nato ☐ Autres : _______________________________________

BOÎTIER FORME : ☐ Rond ☐ Rectangle ☐ Autre

BOÎTIER MATIÈRE :

☐ Acier ☐ Or ☐ Bronze & laiton
☐ Carbone ☐ Titane ☐ Céramique technique
☐ Aluminium ☐ Bois ☐ Matières plastiques
☐ Platine ☐ Silicium ☐ Plaqués

FERMOIR :

☐ À boucle ardillon ☐ À boucle déployante double
☐ À boucle déployante simple ☐ Papillon à boucle invisible
☐ À clip ☐ Autres

VERRE :

☐ Acrylique ☐ Saphir ☐ Minéral ☐ Plexi ☐ Autre _____________

TYPES DE FINITIONS :

☐ Polissage ☐ Satinage ☐ Traitement pvd ☐ Microbillage

TYPES DE MONTRES :

☐ Classique ☐ Moderne ☐ Originale ☐ Numériques
☐ Chronographe ☐ Squelette ☐ Aviateur ☐ De plongée
☐ Militaire ☐ Vintage ☐ Quartz ☐ Automatique
☐ Extra plate ☐ Espace ☐ À gousset ☐ Grand format
☐ Luxe ☐ Sport

MOUVEMENT :

☐ Mécanique à remontage manuel ☐ Électronique à quartz solaire
☐ À remontage automatique ☐ Électronique à quartz kinétique
☐ Électronique à quartz ☐ Autre _____________

ÉTANCHÉITÉ :

☐ Water resist / 0 ATM ☐ 50 Mètres / 5 ATM ☐ 200 Mètres / 20 ATM
☐ 30 Mètres / 3 ATM ☐ 100 Mètres / 10 ATM ☐ 300 Mètres / 30 ATM

Révision étanchéïté le :

OPTIONS :

☐ Connectée / Bluetooth ☐ GPS ☐ GSM

☐ Autres :

Note ou particularité :

OCCASION :

☐ Ville
☐ Soirée
☐ Sport
☐ Loisir
☐ Autres

N°:

Mon Carnet de Montres

Fabricant / Marque : _______________________   Origine : _______________

Date d'aquisition : _____________   Prix : _________   n° article : _____________

COULEURS :

BRACELET : ☐ Cuir ☐ Métal ☐ Plastique ☐ Tissus ☐ Caoutchouc ☐ Bois
☐ Nato ☐ Autres : _______________

BOÎTIER FORME : ☐ Rond ☐ Rectangle ☐ Autre _______________

BOÎTIER MATIÈRE :

☐ Acier ☐ Or ☐ Bronze & laiton
☐ Carbone ☐ Titane ☐ Céramique technique
☐ Aluminium ☐ Bois ☐ Matières plastiques
☐ Platine ☐ Silicium ☐ Plaqués

FERMOIR :

☐ À boucle ardillon ☐ À boucle déployante double
☐ À boucle déployante simple ☐ Papillon à boucle invisible
☐ À clip ☐ Autres

VERRE :

☐ Acrylique ☐ Saphir ☐ Minéral ☐ Plexi ☐ Autre _______________

TYPES DE FINITIONS :

☐ Polissage ☐ Satinage ☐ Traitement pvd ☐ Microbillage

TYPES DE MONTRES :

☐ Classique ☐ Moderne ☐ Originale ☐ Numériques
☐ Chronographe ☐ Squelette ☐ Aviateur ☐ De plongée
☐ Militaire ☐ Vintage ☐ Quartz ☐ Automatique
☐ Extra plate ☐ Espace ☐ À gousset ☐ Grand format
☐ Luxe ☐ Sport

MOUVEMENT :

☐ Mécanique à remontage manuel ☐ Électronique à quartz solaire
☐ À remontage automatique ☐ Électronique à quartz kinétique
☐ Électronique à quartz ☐ Autre

ÉTANCHÉITÉ :

☐ Water resist / 0 ATM   ☐ 50 Mètres / 5 ATM   ☐ 200 Mètres / 20 ATM
☐ 30 Mètres / 3 ATM   ☐ 100 Mètres / 10 ATM   ☐ 300 Mètres / 30 ATM

Révision étanchéïté le :

OPTIONS :

☐ Connectée / Bluetooth   ☐ GPS   ☐ GSM

☐ Autres :

Note ou particularité :

OCCASION :

☐ Ville
☐ Soirée
☐ Sport
☐ Loisir
☐ Autres

N° :

Mon Carnet de Montres

Fabricant / Marque : _______________________ Origine : _______________

Date d'aquisition : ____________ Prix : __________ n° article : __________

COULEURS :

BRACELET : ☐ Cuir ☐ Métal ☐ Plastique ☐ Tissus ☐ Caoutchouc ☐ Bois

☐ Nato ☐ Autres : _______________

BOÎTIER FORME : ☐ Rond ☐ Rectangle ☐ Autre _______________

BOÎTIER MATIÈRE :

☐ Acier ☐ Or ☐ Bronze & laiton
☐ Carbone ☐ Titane ☐ Céramique technique
☐ Aluminium ☐ Bois ☐ Matières plastiques
☐ Platine ☐ Silicium ☐ Plaqués

FERMOIR :

☐ À boucle ardillon ☐ À boucle déployante double
☐ À boucle déployante simple ☐ Papillon à boucle invisible
☐ À clip ☐ Autres

VERRE :

☐ Acrylique ☐ Saphir ☐ Minéral ☐ Plexi ☐ Autre _______________

TYPES DE FINITIONS :

☐ Polissage ☐ Satinage ☐ Traitement pvd ☐ Microbillage

TYPES DE MONTRES :

☐ Classique ☐ Moderne ☐ Originale ☐ Numériques
☐ Chronographe ☐ Squelette ☐ Aviateur ☐ De plongée
☐ Militaire ☐ Vintage ☐ Quartz ☐ Automatique
☐ Extra plate ☐ Espace ☐ À gousset ☐ Grand format
☐ Luxe ☐ Sport

MOUVEMENT :

☐ Mécanique à remontage manuel ☐ Électronique à quartz solaire
☐ À remontage automatique ☐ Électronique à quartz kinétique
☐ Électronique à quartz ☐ Autre

ÉTANCHÉITÉ :

☐ Water resist / 0 ATM   ☐ 50 Mètres / 5 ATM   ☐ 200 Mètres / 20 ATM
☐ 30 Mètres / 3 ATM   ☐ 100 Mètres / 10 ATM   ☐ 300 Mètres / 30 ATM

Révision étanchéïté le :

OPTIONS :

☐ Connectée / Bluetooth   ☐ GPS   ☐ GSM

☐ Autres :

Note ou particularité :

OCCASION :

☐ Ville
☐ Soirée
☐ Sport
☐ Loisir
☐ Autres

N° :

Mon Carnet de Montres

Fabricant / Marque : _______________________ Origine : _______________

Date d'aquisition : __________ Prix : __________ n° article : __________

COULEURS : _______________________________

BRACELET : ☐ Cuir ☐ Métal ☐ Plastique ☐ Tissus ☐ Caoutchouc ☐ Bois
☐ Nato ☐ Autres : __________

BOÎTIER FORME : ☐ Rond ☐ Rectangle ☐ Autre __________

BOÎTIER MATIÈRE :

☐ Acier ☐ Or ☐ Bronze & laiton
☐ Carbone ☐ Titane ☐ Céramique technique
☐ Aluminium ☐ Bois ☐ Matières plastiques
☐ Platine ☐ Silicium ☐ Plaqués

FERMOIR :

☐ À boucle ardillon ☐ À boucle déployante double
☐ À boucle déployante simple ☐ Papillon à boucle invisible
☐ À clip ☐ Autres

VERRE :

☐ Acrylique ☐ Saphir ☐ Minéral ☐ Plexi ☐ Autre __________

TYPES DE FINITIONS :

☐ Polissage ☐ Satinage ☐ Traitement pvd ☐ Microbillage

TYPES DE MONTRES :

☐ Classique ☐ Moderne ☐ Originale ☐ Numériques
☐ Chronographe ☐ Squelette ☐ Aviateur ☐ De plongée
☐ Militaire ☐ Vintage ☐ Quartz ☐ Automatique
☐ Extra plate ☐ Espace ☐ À gousset ☐ Grand format
☐ Luxe ☐ Sport

MOUVEMENT :

☐ Mécanique à remontage manuel ☐ Électronique à quartz solaire
☐ À remontage automatique ☐ Électronique à quartz kinétique
☐ Électronique à quartz ☐ Autre __________

ÉTANCHÉITÉ :

☐ Water resist / 0 ATM   ☐ 50 Mètres / 5 ATM   ☐ 200 Mètres / 20 ATM
☐ 30 Mètres / 3 ATM   ☐ 100 Mètres / 10 ATM   ☐ 300 Mètres / 30 ATM

Révision étanchéïté le :

OPTIONS :

☐ Connectée / Bluetooth   ☐ GPS   ☐ GSM

☐ Autres :

Note ou particularité :

OCCASION :

☐ Ville
☐ Soirée
☐ Sport
☐ Loisir
☐ Autres

N° :

Mon Carnet de Montres

Fabricant / Marque : _______________________   Origine : _______________

Date d'aquisition : ____________   Prix : ____________   n° article : ____________

COULEURS : _______________________

BRACELET : ☐ Cuir ☐ Métal ☐ Plastique ☐ Tissus ☐ Caoutchouc ☐ Bois
☐ Nato   ☐ Autres : _______________________

BOÎTIER FORME : ☐ Rond   ☐ Rectangle   ☐ Autre _______________

BOÎTIER MATIÈRE :

☐ Acier   ☐ Or   ☐ Bronze & laiton
☐ Carbone   ☐ Titane   ☐ Céramique technique
☐ Aluminium   ☐ Bois   ☐ Matières plastiques
☐ Platine   ☐ Silicium   ☐ Plaqués

FERMOIR :

☐ À boucle ardillon   ☐ À boucle déployante double
☐ À boucle déployante simple   ☐ Papillon à boucle invisible
☐ À clip   ☐ Autres

VERRE :

☐ Acrylique ☐ Saphir ☐ Minéral ☐ Plexi ☐ Autre _______________

TYPES DE FINITIONS :

☐ Polissage   ☐ Satinage   ☐ Traitement pvd   ☐ Microbillage

TYPES DE MONTRES :

☐ Classique   ☐ Moderne   ☐ Originale   ☐ Numériques
☐ Chronographe   ☐ Squelette   ☐ Aviateur   ☐ De plongée
☐ Militaire   ☐ Vintage   ☐ Quartz   ☐ Automatique
☐ Extra plate   ☐ Espace   ☐ À gousset   ☐ Grand format
☐ Luxe   ☐ Sport

MOUVEMENT :

☐ Mécanique à remontage manuel   ☐ Électronique à quartz solaire
☐ À remontage automatique   ☐ Électronique à quartz kinétique
☐ Électronique à quartz   ☐ Autre _______________

ÉTANCHÉITÉ :

- [ ] Water resist / 0 ATM
- [ ] 30 Mètres / 3 ATM
- [ ] 50 Mètres / 5 ATM
- [ ] 100 Mètres / 10 ATM
- [ ] 200 Mètres / 20 ATM
- [ ] 300 Mètres / 30 ATM

Révision étanchéïté le :

OPTIONS :

- [ ] Connectée / Bluetooth
- [ ] GPS
- [ ] GSM
- [ ] Autres :

Note ou particularité :

OCCASION :

- [ ] Ville
- [ ] Soirée
- [ ] Sport
- [ ] Loisir
- [ ] Autres

N°:

Mon Carnet de Montres

Fabricant / Marque : _________________________ Origine : _________________

Date d'aquisition : __________ Prix : __________ n° article : __________

COULEURS : _________________________

BRACELET : ☐ Cuir ☐ Métal ☐ Plastique ☐ Tissus ☐ Caoutchouc ☐ Bois
☐ Nato ☐ Autres : _________________

BOÎTIER FORME : ☐ Rond ☐ Rectangle ☐ Autre _________________

BOÎTIER MATIÈRE :

☐ Acier ☐ Or ☐ Bronze & laiton
☐ Carbone ☐ Titane ☐ Céramique technique
☐ Aluminium ☐ Bois ☐ Matières plastiques
☐ Platine ☐ Silicium ☐ Plaqués

FERMOIR :

☐ À boucle ardillon ☐ À boucle déployante double
☐ À boucle déployante simple ☐ Papillon à boucle invisible
☐ À clip ☐ Autres

VERRE :

☐ Acrylique ☐ Saphir ☐ Minéral ☐ Plexi ☐ Autre _________

TYPES DE FINITIONS :

☐ Polissage ☐ Satinage ☐ Traitement pvd ☐ Microbillage

TYPES DE MONTRES :

☐ Classique ☐ Moderne ☐ Originale ☐ Numériques
☐ Chronographe ☐ Squelette ☐ Aviateur ☐ De plongée
☐ Militaire ☐ Vintage ☐ Quartz ☐ Automatique
☐ Extra plate ☐ Espace ☐ À gousset ☐ Grand format
☐ Luxe ☐ Sport

MOUVEMENT :

☐ Mécanique à remontage manuel ☐ Électronique à quartz solaire
☐ À remontage automatique ☐ Électronique à quartz kinétique
☐ Électronique à quartz ☐ Autre

ÉTANCHÉITÉ :
☐ Water resist / 0 ATM
☐ 30 Mètres / 3 ATM
☐ 50 Mètres / 5 ATM
☐ 100 Mètres / 10 ATM
☐ 200 Mètres / 20 ATM
☐ 300 Mètres / 30 ATM
Révision étanchéïté le :

OPTIONS :
☐ Connectée / Bluetooth   ☐ GPS   ☐ GSM
☐ Autres :

Note ou particularité :

OCCASION :
☐ Ville
☐ Soirée
☐ Sport
☐ Loisir
☐ Autres

N°:

Mon Carnet de Montres

Fabricant / Marque : _______________________ Origine : _______________

Date d'aquisition : _______________ Prix : _____________ n° article : _____________

COULEURS : ____

BRACELET : ☐ Cuir ☐ Métal ☐ Plastique ☐ Tissus ☐ Caoutchouc ☐ Bois
☐ Nato ☐ Autres : _______________________

BOÎTIER FORME : ☐ Rond ☐ Rectangle ☐ Autre _______________

BOÎTIER MATIÈRE :

☐ Acier ☐ Or ☐ Bronze & laiton
☐ Carbone ☐ Titane ☐ Céramique technique
☐ Aluminium ☐ Bois ☐ Matières plastiques
☐ Platine ☐ Silicium ☐ Plaqués

FERMOIR :

☐ À boucle ardillon ☐ À boucle déployante double
☐ À boucle déployante simple ☐ Papillon à boucle invisible
☐ À clip ☐ Autres

VERRE :

☐ Acrylique ☐ Saphir ☐ Minéral ☐ Plexi ☐ Autre _______________

TYPES DE FINITIONS :

☐ Polissage ☐ Satinage ☐ Traitement pvd ☐ Microbillage

TYPES DE MONTRES :

☐ Classique ☐ Moderne ☐ Originale ☐ Numériques
☐ Chronographe ☐ Squelette ☐ Aviateur ☐ De plongée
☐ Militaire ☐ Vintage ☐ Quartz ☐ Automatique
☐ Extra plate ☐ Espace ☐ À gousset ☐ Grand format
☐ Luxe ☐ Sport

MOUVEMENT :

☐ Mécanique à remontage manuel ☐ Électronique à quartz solaire
☐ À remontage automatique ☐ Électronique à quartz kinétique
☐ Électronique à quartz ☐ Autre _______________

ÉTANCHÉITÉ :

- ☐ Water resist / 0 ATM
- ☐ 30 Mètres / 3 ATM
- ☐ 50 Mètres / 5 ATM
- ☐ 100 Mètres / 10 ATM
- ☐ 200 Mètres / 20 ATM
- ☐ 300 Mètres / 30 ATM

Révision étanchéité le :

OPTIONS :

- ☐ Connectée / Bluetooth
- ☐ GPS
- ☐ GSM
- ☐ Autres :

Note ou particularité :

OCCASION :

- ☐ Ville
- ☐ Soirée
- ☐ Sport
- ☐ Loisir
- ☐ Autres

N°:

Mon Carnet de Montres

Fabricant / Marque : _______________________ Origine : _______________________

Date d'aquisition : _____________ Prix : _____________ n° article : _____________

COULEURS : _______________________

BRACELET : ☐ Cuir ☐ Métal ☐ Plastique ☐ Tissus ☐ Caoutchouc ☐ Bois
☐ Nato ☐ Autres : _______________________

BOÎTIER FORME : ☐ Rond ☐ Rectangle ☐ Autre _______________________

BOÎTIER MATIÈRE :
☐ Acier ☐ Or ☐ Bronze & laiton
☐ Carbone ☐ Titane ☐ Céramique technique
☐ Aluminium ☐ Bois ☐ Matières plastiques
☐ Platine ☐ Silicium ☐ Plaqués

FERMOIR :
☐ À boucle ardillon ☐ À boucle déployante double
☐ À boucle déployante simple ☐ Papillon à boucle invisible
☐ À clip ☐ Autres

VERRE :
☐ Acrylique ☐ Saphir ☐ Minéral ☐ Plexi ☐ Autre _______________________

TYPES DE FINITIONS :
☐ Polissage ☐ Satinage ☐ Traitement pvd ☐ Microbillage

TYPES DE MONTRES :
☐ Classique ☐ Moderne ☐ Originale ☐ Numériques
☐ Chronographe ☐ Squelette ☐ Aviateur ☐ De plongée
☐ Militaire ☐ Vintage ☐ Quartz ☐ Automatique
☐ Extra plate ☐ Espace ☐ À gousset ☐ Grand format
☐ Luxe ☐ Sport

MOUVEMENT :
☐ Mécanique à remontage manuel ☐ Électronique à quartz solaire
☐ À remontage automatique ☐ Électronique à quartz kinétique
☐ Électronique à quartz ☐ Autre _______________________

ÉTANCHÉITÉ :

☐ Water resist / 0 ATM ☐ 50 Mètres / 5 ATM ☐ 200 Mètres / 20 ATM
☐ 30 Mètres / 3 ATM ☐ 100 Mètres / 10 ATM ☐ 300 Mètres / 30 ATM

Révision étanchéïté le :

OPTIONS :

☐ Connectée / Bluetooth ☐ GPS ☐ GSM

☐ Autres :

Note ou particularité :

OCCASION :

☐ Ville
☐ Soirée
☐ Sport
☐ Loisir
☐ Autres

N°:

Mon Carnet de Montres

Fabricant / Marque : _______________________   Origine : _______________

Date d'aquisition : ____________   Prix : __________   n° article : __________

COULEURS : ____

BRACELET : ☐ Cuir   ☐ Métal   ☐ Plastique   ☐ Tissus   ☐ Caoutchouc   ☐ Bois
☐ Nato   ☐ Autres : _______________________________

BOÎTIER FORME : ☐ Rond   ☐ Rectangle   ☐ Autre _______________

BOÎTIER MATIÈRE :

☐ Acier   ☐ Or   ☐ Bronze & laiton
☐ Carbone   ☐ Titane   ☐ Céramique technique
☐ Aluminium   ☐ Bois   ☐ Matières plastiques
☐ Platine   ☐ Silicium ☐ Plaqués

FERMOIR :

☐ À boucle ardillon   ☐ À boucle déployante double
☐ À boucle déployante simple   ☐ Papillon à boucle invisible
☐ À clip   ☐ Autres

VERRE :

☐ Acrylique   ☐ Saphir   ☐ Minéral   ☐ Plexi   ☐ Autre _______________

TYPES DE FINITIONS :

☐ Polissage   ☐ Satinage   ☐ Traitement pvd   ☐ Microbillage

TYPES DE MONTRES :

☐ Classique   ☐ Moderne   ☐ Originale   ☐ Numériques
☐ Chronographe   ☐ Squelette   ☐ Aviateur   ☐ De plongée
☐ Militaire   ☐ Vintage   ☐ Quartz   ☐ Automatique
☐ Extra plate   ☐ Espace   ☐ À gousset   ☐ Grand format
☐ Luxe   ☐ Sport

MOUVEMENT :

☐ Mécanique à remontage manuel   ☐ Électronique à quartz solaire
☐ À remontage automatique   ☐ Électronique à quartz kinétique
☐ Électronique à quartz   ☐ Autre

ÉTANCHÉITÉ :

☐ Water resist / 0 ATM ☐ 50 Mètres / 5 ATM ☐ 200 Mètres / 20 ATM

☐ 30 Mètres / 3 ATM ☐ 100 Mètres / 10 ATM ☐ 300 Mètres / 30 ATM

Révision étanchéïté le :

OPTIONS :

☐ Connectée / Bluetooth ☐ GPS ☐ GSM

☐ Autres :

Note ou particularité :

OCCASION :

☐ Ville

☐ Soirée

☐ Sport

☐ Loisir

☐ Autres

N° :

Mon Carnet de Montres

Fabricant / Marque : _______________________   Origine : _______________

Date d'aquisition : _____________   Prix : _____________   n° article : _____________

COULEURS : _______________________

BRACELET : ☐ Cuir ☐ Métal ☐ Plastique ☐ Tissus ☐ Caoutchouc ☐ Bois
☐ Nato ☐ Autres : _______________

BOÎTIER FORME : ☐ Rond ☐ Rectangle ☐ Autre _______________

BOÎTIER MATIÈRE :

☐ Acier ☐ Or ☐ Bronze & laiton
☐ Carbone ☐ Titane ☐ Céramique technique
☐ Aluminium ☐ Bois ☐ Matières plastiques
☐ Platine ☐ Silicium ☐ Plaqués

FERMOIR :

☐ À boucle ardillon ☐ À boucle déployante double
☐ À boucle déployante simple ☐ Papillon à boucle invisible
☐ À clip ☐ Autres

VERRE :

☐ Acrylique ☐ Saphir ☐ Minéral ☐ Plexi ☐ Autre _______________

TYPES DE FINITIONS :

☐ Polissage ☐ Satinage ☐ Traitement pvd ☐ Microbillage

TYPES DE MONTRES :

☐ Classique ☐ Moderne ☐ Originale ☐ Numériques
☐ Chronographe ☐ Squelette ☐ Aviateur ☐ De plongée
☐ Militaire ☐ Vintage ☐ Quartz ☐ Automatique
☐ Extra plate ☐ Espace ☐ À gousset ☐ Grand format
☐ Luxe ☐ Sport

MOUVEMENT :

☐ Mécanique à remontage manuel ☐ Électronique à quartz solaire
☐ À remontage automatique ☐ Électronique à quartz kinétique
☐ Électronique à quartz ☐ Autre _______________

ÉTANCHÉITÉ :

☐ Water resist / 0 ATM   ☐ 50 Mètres / 5 ATM   ☐ 200 Mètres / 20 ATM
☐ 30 Mètres / 3 ATM   ☐ 100 Mètres / 10 ATM   ☐ 300 Mètres / 30 ATM

Révision étanchéïté le :

OPTIONS :

☐ Connectée / Bluetooth   ☐ GPS   ☐ GSM

☐ Autres :

Note ou particularité :

OCCASION :

☐ Ville
☐ Soirée
☐ Sport
☐ Loisir
☐ Autres

N°:

Mon Carnet de Montres

Fabricant / Marque : _______________________   Origine : _______________

Date d'aquisition : ___________   Prix : _________   n° article : _________

COULEURS : ____

BRACELET : ☐ Cuir   ☐ Métal   ☐ Plastique   ☐ Tissus   ☐ Caoutchouc   ☐ Bois

☐ Nato   ☐ Autres : ___________________________________

BOÎTIER FORME : ☐ Rond   ☐ Rectangle   ☐ Autre ____________

BOÎTIER MATIÈRE :

☐ Acier   ☐ Or   ☐ Bronze & laiton
☐ Carbone   ☐ Titane   ☐ Céramique technique
☐ Aluminium   ☐ Bois   ☐ Matières plastiques
☐ Platine   ☐ Silicium   ☐ Plaqués

FERMOIR :

☐ À boucle ardillon   ☐ À boucle déployante double
☐ À boucle déployante simple   ☐ Papillon à boucle invisible
☐ À clip   ☐ Autres

VERRE :

☐ Acrylique   ☐ Saphir   ☐ Minéral   ☐ Plexi   ☐ Autre ____________

TYPES DE FINITIONS :

☐ Polissage   ☐ Satinage   ☐ Traitement pvd   ☐ Microbillage

TYPES DE MONTRES :

☐ Classique   ☐ Moderne   ☐ Originale   ☐ Numériques
☐ Chronographe   ☐ Squelette   ☐ Aviateur   ☐ De plongée
☐ Militaire   ☐ Vintage   ☐ Quartz   ☐ Automatique
☐ Extra plate   ☐ Espace   ☐ À gousset   ☐ Grand format
☐ Luxe   ☐ Sport

MOUVEMENT :

☐ Mécanique à remontage manuel   ☐ Électronique à quartz solaire
☐ À remontage automatique   ☐ Électronique à quartz kinétique
☐ Électronique à quartz   ☐ Autre

ÉTANCHÉITÉ :

- ☐ Water resist / 0 ATM
- ☐ 30 Mètres / 3 ATM
- ☐ 50 Mètres / 5 ATM
- ☐ 100 Mètres / 10 ATM
- ☐ 200 Mètres / 20 ATM
- ☐ 300 Mètres / 30 ATM

Révision étanchéïté le :

OPTIONS :

- ☐ Connectée / Bluetooth
- ☐ GPS
- ☐ GSM
- ☐ Autres :

Note ou particularité :

OCCASION :

- ☐ Ville
- ☐ Soirée
- ☐ Sport
- ☐ Loisir
- ☐ Autres

N° :

Mon Carnet de Montres

Fabricant / Marque : _________________________   Origine : _________________

Date d'aquisition : _____________   Prix : ___________   n° article : __________

COULEURS :

BRACELET : ☐ Cuir ☐ Métal ☐ Plastique ☐ Tissus ☐ Caoutchouc ☐ Bois

☐ Nato   ☐ Autres : _________________________

BOÎTIER FORME : ☐ Rond   ☐ Rectangle   ☐ Autre _______________

BOÎTIER MATIÈRE :

☐ Acier   ☐ Or   ☐ Bronze & laiton
☐ Carbone   ☐ Titane   ☐ Céramique technique
☐ Aluminium   ☐ Bois   ☐ Matières plastiques
☐ Platine   ☐ Silicium   ☐ Plaqués

FERMOIR :

☐ À boucle ardillon   ☐ À boucle déployante double
☐ À boucle déployante simple   ☐ Papillon à boucle invisible
☐ À clip   ☐ Autres

VERRE :

☐ Acrylique   ☐ Saphir   ☐ Minéral   ☐ Plexi   ☐ Autre _______________

TYPES DE FINITIONS :

☐ Polissage   ☐ Satinage   ☐ Traitement pvd   ☐ Microbillage

TYPES DE MONTRES :

☐ Classique   ☐ Moderne   ☐ Originale   ☐ Numériques
☐ Chronographe   ☐ Squelette   ☐ Aviateur   ☐ De plongée
☐ Militaire   ☐ Vintage   ☐ Quartz   ☐ Automatique
☐ Extra plate   ☐ Espace   ☐ À gousset   ☐ Grand format
☐ Luxe   ☐ Sport

MOUVEMENT :

☐ Mécanique à remontage manuel   ☐ Électronique à quartz solaire
☐ À remontage automatique   ☐ Électronique à quartz kinétique
☐ Électronique à quartz   ☐ Autre _______________

ÉTANCHÉITÉ :

- ☐ Water resist / 0 ATM
- ☐ 30 Mètres / 3 ATM
- ☐ 50 Mètres / 5 ATM
- ☐ 100 Mètres / 10 ATM
- ☐ 200 Mètres / 20 ATM
- ☐ 300 Mètres / 30 ATM

Révision étanchéïté le :

OPTIONS :

- ☐ Connectée / Bluetooth
- ☐ GPS
- ☐ GSM
- ☐ Autres :

Note ou particularité :

OCCASION :

- ☐ Ville
- ☐ Soirée
- ☐ Sport
- ☐ Loisir
- ☐ Autres

N° :

Mon Carnet de Montres

Fabricant / Marque : _____________________________   Origine : _____________

Date d'aquisition : _____________   Prix : _____________   n° article : _____________

COULEURS :

BRACELET : ☐ Cuir ☐ Métal ☐ Plastique ☐ Tissus ☐ Caoutchouc ☐ Bois
☐ Nato   ☐ Autres : _____________

BOÎTIER FORME : ☐ Rond   ☐ Rectangle   ☐ Autre _____________

BOÎTIER MATIÈRE :

☐ Acier   ☐ Or   ☐ Bronze & laiton
☐ Carbone   ☐ Titane   ☐ Céramique technique
☐ Aluminium   ☐ Bois   ☐ Matières plastiques
☐ Platine   ☐ Silicium ☐ Plaqués

FERMOIR :

☐ À boucle ardillon   ☐ À boucle déployante double
☐ À boucle déployante simple   ☐ Papillon à boucle invisible
☐ À clip   ☐ Autres

VERRE :

☐ Acrylique ☐ Saphir ☐ Minéral ☐ Plexi ☐ Autre _____________

TYPES DE FINITIONS :

☐ Polissage   ☐ Satinage   ☐ Traitement pvd   ☐ Microbillage

TYPES DE MONTRES :

☐ Classique   ☐ Moderne   ☐ Originale   ☐ Numériques
☐ Chronographe   ☐ Squelette   ☐ Aviateur   ☐ De plongée
☐ Militaire   ☐ Vintage   ☐ Quartz   ☐ Automatique
☐ Extra plate   ☐ Espace   ☐ À gousset   ☐ Grand format
☐ Luxe   ☐ Sport

MOUVEMENT :

☐ Mécanique à remontage manuel   ☐ Électronique à quartz solaire
☐ À remontage automatique   ☐ Électronique à quartz kinétique
☐ Électronique à quartz   ☐ Autre _____________

ÉTANCHÉITÉ :

☐ Water resist / 0 ATM ☐ 50 Mètres / 5 ATM ☐ 200 Mètres / 20 ATM
☐ 30 Mètres / 3 ATM ☐ 100 Mètres / 10 ATM ☐ 300 Mètres / 30 ATM

Révision étanchéïté le :

OPTIONS :

☐ Connectée / Bluetooth ☐ GPS ☐ GSM

☐ Autres :

Note ou particularité :

OCCASION :

☐ Ville
☐ Soirée
☐ Sport
☐ Loisir
☐ Autres

N°:

Mon Carnet de Montres

Fabricant / Marque : _______________________   Origine : _______________________

Date d'aquisition : _____________   Prix : _____________   n° article : _____________

COULEURS : _______________________

BRACELET : ☐ Cuir ☐ Métal ☐ Plastique ☐ Tissus ☐ Caoutchouc ☐ Bois

☐ Nato ☐ Autres : _______________________

BOÎTIER FORME : ☐ Rond ☐ Rectangle ☐ Autre _______________________

BOÎTIER MATIÈRE :

☐ Acier ☐ Or ☐ Bronze & laiton
☐ Carbone ☐ Titane ☐ Céramique technique
☐ Aluminium ☐ Bois ☐ Matières plastiques
☐ Platine ☐ Silicium ☐ Plaqués

FERMOIR :

☐ À boucle ardillon ☐ À boucle déployante double
☐ À boucle déployante simple ☐ Papillon à boucle invisible
☐ À clip ☐ Autres

VERRE :

☐ Acrylique ☐ Saphir ☐ Minéral ☐ Plexi ☐ Autre _______________________

TYPES DE FINITIONS :

☐ Polissage ☐ Satinage ☐ Traitement pvd ☐ Microbillage

TYPES DE MONTRES :

☐ Classique ☐ Moderne ☐ Originale ☐ Numériques
☐ Chronographe ☐ Squelette ☐ Aviateur ☐ De plongée
☐ Militaire ☐ Vintage ☐ Quartz ☐ Automatique
☐ Extra plate ☐ Espace ☐ À gousset ☐ Grand format
☐ Luxe ☐ Sport

MOUVEMENT :

☐ Mécanique à remontage manuel ☐ Électronique à quartz solaire
☐ À remontage automatique ☐ Électronique à quartz kinétique
☐ Électronique à quartz ☐ Autre

ÉTANCHÉITÉ :

☐ Water resist / 0 ATM ☐ 50 Mètres / 5 ATM ☐ 200 Mètres / 20 ATM
☐ 30 Mètres / 3 ATM ☐ 100 Mètres / 10 ATM ☐ 300 Mètres / 30 ATM

Révision étanchéïté le :

OPTIONS :

☐ Connectée / Bluetooth ☐ GPS ☐ GSM

☐ Autres :

Note ou particularité :

OCCASION :

☐ Ville
☐ Soirée
☐ Sport
☐ Loisir
☐ Autres

N°:

Mon Carnet de Montres

Fabricant / Marque : _______________________   Origine : _______________________

Date d'aquisition : _____________   Prix : _____________   n° article : _____________

COULEURS :

BRACELET : ☐ Cuir   ☐ Métal   ☐ Plastique   ☐ Tissus   ☐ Caoutchouc   ☐ Bois

☐ Nato   ☐ Autres :

BOÎTIER FORME : ☐ Rond   ☐ Rectangle   ☐ Autre _______________

BOÎTIER MATIÈRE :

☐ Acier   ☐ Or   ☐ Bronze & laiton
☐ Carbone   ☐ Titane   ☐ Céramique technique
☐ Aluminium   ☐ Bois   ☐ Matières plastiques
☐ Platine   ☐ Silicium   ☐ Plaqués

FERMOIR :

☐ À boucle ardillon   ☐ À boucle déployante double
☐ À boucle déployante simple   ☐ Papillon à boucle invisible
☐ À clip   ☐ Autres

VERRE :

☐ Acrylique   ☐ Saphir   ☐ Minéral   ☐ Plexi   ☐ Autre _______________

TYPES DE FINITIONS :

☐ Polissage   ☐ Satinage   ☐ Traitement pvd   ☐ Microbillage

TYPES DE MONTRES :

☐ Classique   ☐ Moderne   ☐ Originale   ☐ Numériques
☐ Chronographe   ☐ Squelette   ☐ Aviateur   ☐ De plongée
☐ Militaire   ☐ Vintage   ☐ Quartz   ☐ Automatique
☐ Extra plate   ☐ Espace   ☐ À gousset   ☐ Grand format
☐ Luxe   ☐ Sport

MOUVEMENT :

☐ Mécanique à remontage manuel   ☐ Électronique à quartz solaire
☐ À remontage automatique   ☐ Électronique à quartz kinétique
☐ Électronique à quartz   ☐ Autre

ÉTANCHÉITÉ :

☐ Water resist / 0 ATM ☐ 50 Mètres / 5 ATM ☐ 200 Mètres / 20 ATM
☐ 30 Mètres / 3 ATM ☐ 100 Mètres / 10 ATM ☐ 300 Mètres / 30 ATM

Révision étanchéité le :

OPTIONS :

☐ Connectée / Bluetooth ☐ GPS ☐ GSM

☐ Autres :

Note ou particularité :

OCCASION :

☐ Ville
☐ Soirée
☐ Sport
☐ Loisir
☐ Autres

N° :

Mon Carnet de Montres

Fabricant / Marque : _________________________ Origine : _________________________

Date d'aquisition : _____________ Prix : _____________ n° article : _____________

COULEURS : _________________________

BRACELET : ☐ Cuir ☐ Métal ☐ Plastique ☐ Tissus ☐ Caoutchouc ☐ Bois

☐ Nato   ☐ Autres : _________________________

BOÎTIER FORME : ☐ Rond   ☐ Rectangle   ☐ Autre

BOÎTIER MATIÈRE :

☐ Acier   ☐ Or   ☐ Bronze & laiton
☐ Carbone   ☐ Titane   ☐ Céramique technique
☐ Aluminium ☐ Bois   ☐ Matières plastiques
☐ Platine   ☐ Silicium ☐ Plaqués

FERMOIR :

☐ À boucle ardillon   ☐ À boucle déployante double
☐ À boucle déployante simple   ☐ Papillon à boucle invisible
☐ À clip   ☐ Autres

VERRE :

☐ Acrylique ☐ Saphir ☐ Minéral ☐ Plexi ☐ Autre _____________

TYPES DE FINITIONS :

☐ Polissage ☐ Satinage ☐ Traitement pvd ☐ Microbillage

TYPES DE MONTRES :

☐ Classique   ☐ Moderne   ☐ Originale   ☐ Numériques
☐ Chronographe ☐ Squelette ☐ Aviateur   ☐ De plongée
☐ Militaire   ☐ Vintage   ☐ Quartz   ☐ Automatique
☐ Extra plate   ☐ Espace   ☐ À gousset   ☐ Grand format
☐ Luxe   ☐ Sport

MOUVEMENT :

☐ Mécanique à remontage manuel   ☐ Électronique à quartz solaire
☐ À remontage automatique   ☐ Électronique à quartz kinétique
☐ Électronique à quartz   ☐ Autre _____________

ÉTANCHÉITÉ :
☐ Water resist / 0 ATM
☐ 30 Mètres / 3 ATM
☐ 50 Mètres / 5 ATM
☐ 100 Mètres / 10 ATM
☐ 200 Mètres / 20 ATM
☐ 300 Mètres / 30 ATM
Révision étanchéité le :

OPTIONS :
☐ Connectée / Bluetooth   ☐ GPS   ☐ GSM
☐ Autres :

Note ou particularité :

OCCASION :
☐ Ville
☐ Soirée
☐ Sport
☐ Loisir
☐ Autres

N°:

Mon Carnet de Montres

Fabricant / Marque : ______________________   Origine : ______________________

Date d'aquisition : ____________   Prix : ____________   n° article : ____________

COULEURS : ______________________

BRACELET : ☐ Cuir ☐ Métal ☐ Plastique ☐ Tissus ☐ Caoutchouc ☐ Bois

☐ Nato   ☐ Autres : ______________________

BOÎTIER FORME : ☐ Rond   ☐ Rectangle   ☐ Autre ______________

BOÎTIER MATIÈRE :

☐ Acier   ☐ Or   ☐ Bronze & laiton
☐ Carbone   ☐ Titane   ☐ Céramique technique
☐ Aluminium   ☐ Bois   ☐ Matières plastiques
☐ Platine   ☐ Silicium   ☐ Plaqués

FERMOIR :

☐ À boucle ardillon   ☐ À boucle déployante double
☐ À boucle déployante simple   ☐ Papillon à boucle invisible
☐ À clip   ☐ Autres

VERRE :

☐ Acrylique   ☐ Saphir   ☐ Minéral   ☐ Plexi   ☐ Autre ____________

TYPES DE FINITIONS :

☐ Polissage   ☐ Satinage   ☐ Traitement pvd   ☐ Microbillage

TYPES DE MONTRES :

☐ Classique   ☐ Moderne   ☐ Originale   ☐ Numériques
☐ Chronographe   ☐ Squelette   ☐ Aviateur   ☐ De plongée
☐ Militaire   ☐ Vintage   ☐ Quartz   ☐ Automatique
☐ Extra plate   ☐ Espace   ☐ À gousset   ☐ Grand format
☐ Luxe   ☐ Sport

MOUVEMENT :

☐ Mécanique à remontage manuel   ☐ Électronique à quartz solaire
☐ À remontage automatique   ☐ Électronique à quartz kinétique
☐ Électronique à quartz   ☐ Autre

ÉTANCHÉITÉ :

☐ Water resist / 0 ATM   ☐ 50 Mètres / 5 ATM   ☐ 200 Mètres / 20 ATM
☐ 30 Mètres / 3 ATM   ☐ 100 Mètres / 10 ATM   ☐ 300 Mètres / 30 ATM

Révision étanchéïté le :

OPTIONS :

☐ Connectée / Bluetooth   ☐ GPS   ☐ GSM

☐ Autres :

Note ou particularité :

OCCASION :

☐ Ville
☐ Soirée
☐ Sport
☐ Loisir
☐ Autres

N° :

Mon Carnet de Montres

Fabricant / Marque : ________________________ Origine : ________________

Date d'aquisition : ____________ Prix : __________ n° article : __________

COULEURS :

BRACELET : ☐ Cuir ☐ Métal ☐ Plastique ☐ Tissus ☐ Caoutchouc ☐ Bois

☐ Nato ☐ Autres : ____________

BOÎTIER FORME : ☐ Rond ☐ Rectangle ☐ Autre ____________

BOÎTIER MATIÈRE :

☐ Acier ☐ Or ☐ Bronze & laiton
☐ Carbone ☐ Titane ☐ Céramique technique
☐ Aluminium ☐ Bois ☐ Matières plastiques
☐ Platine ☐ Silicium ☐ Plaqués

FERMOIR :

☐ À boucle ardillon ☐ À boucle déployante double
☐ À boucle déployante simple ☐ Papillon à boucle invisible
☐ À clip ☐ Autres

VERRE :

☐ Acrylique ☐ Saphir ☐ Minéral ☐ Plexi ☐ Autre ____________

TYPES DE FINITIONS :

☐ Polissage ☐ Satinage ☐ Traitement pvd ☐ Microbillage

TYPES DE MONTRES :

☐ Classique ☐ Moderne ☐ Originale ☐ Numériques
☐ Chronographe ☐ Squelette ☐ Aviateur ☐ De plongée
☐ Militaire ☐ Vintage ☐ Quartz ☐ Automatique
☐ Extra plate ☐ Espace ☐ À gousset ☐ Grand format
☐ Luxe ☐ Sport

MOUVEMENT :

☐ Mécanique à remontage manuel ☐ Électronique à quartz solaire
☐ À remontage automatique ☐ Électronique à quartz kinétique
☐ Électronique à quartz ☐ Autre

ÉTANCHÉITÉ :

- ☐ Water resist / 0 ATM
- ☐ 30 Mètres / 3 ATM
- ☐ 50 Mètres / 5 ATM
- ☐ 100 Mètres / 10 ATM
- ☐ 200 Mètres / 20 ATM
- ☐ 300 Mètres / 30 ATM

Révision étanchéïté le :

OPTIONS :

- ☐ Connectée / Bluetooth
- ☐ GPS
- ☐ GSM
- ☐ Autres :

Note ou particularité :

OCCASION :

- ☐ Ville
- ☐ Soirée
- ☐ Sport
- ☐ Loisir
- ☐ Autres

N°:

Mon Carnet de Montres

Fabricant / Marque : _______________________ Origine : _______________

Date d'aquisition : _____________ Prix : __________ n° article : __________

COULEURS : _______________________

BRACELET : ☐ Cuir ☐ Métal ☐ Plastique ☐ Tissus ☐ Caoutchouc ☐ Bois
☐ Nato ☐ Autres : _______________________

BOÎTIER FORME : ☐ Rond ☐ Rectangle ☐ Autre _______________

BOÎTIER MATIÈRE :

☐ Acier ☐ Or ☐ Bronze & laiton
☐ Carbone ☐ Titane ☐ Céramique technique
☐ Aluminium ☐ Bois ☐ Matières plastiques
☐ Platine ☐ Silicium ☐ Plaqués

FERMOIR :

☐ À boucle ardillon ☐ À boucle déployante double
☐ À boucle déployante simple ☐ Papillon à boucle invisible
☐ À clip ☐ Autres

VERRE :

☐ Acrylique ☐ Saphir ☐ Minéral ☐ Plexi ☐ Autre _______________

TYPES DE FINITIONS :

☐ Polissage ☐ Satinage ☐ Traitement pvd ☐ Microbillage

TYPES DE MONTRES :

☐ Classique ☐ Moderne ☐ Originale ☐ Numériques
☐ Chronographe ☐ Squelette ☐ Aviateur ☐ De plongée
☐ Militaire ☐ Vintage ☐ Quartz ☐ Automatique
☐ Extra plate ☐ Espace ☐ À gousset ☐ Grand format
☐ Luxe ☐ Sport

MOUVEMENT :

☐ Mécanique à remontage manuel ☐ Électronique à quartz solaire
☐ À remontage automatique ☐ Électronique à quartz kinétique
☐ Électronique à quartz ☐ Autre _______________

ÉTANCHÉITÉ :

☐ Water resist / 0 ATM ☐ 50 Mètres / 5 ATM ☐ 200 Mètres / 20 ATM
☐ 30 Mètres / 3 ATM ☐ 100 Mètres / 10 ATM ☐ 300 Mètres / 30 ATM

Révision étanchéité le :

OPTIONS :

☐ Connectée / Bluetooth ☐ GPS ☐ GSM

☐ Autres :

Note ou particularité :

OCCASION :

☐ Ville
☐ Soirée
☐ Sport
☐ Loisir
☐ Autres

N° :

Mon Carnet de Montres

Fabricant / Marque : _________________________ Origine : _____________

Date d'aquisition : _____________ Prix : _____________ n° article : _____________

COULEURS : ____

BRACELET : ☐ Cuir ☐ Métal ☐ Plastique ☐ Tissus ☐ Caoutchouc ☐ Bois
☐ Nato ☐ Autres : _____________________________________

BOÎTIER FORME : ☐ Rond ☐ Rectangle ☐ Autre _____________

BOÎTIER MATIÈRE :

☐ Acier ☐ Or ☐ Bronze & laiton
☐ Carbone ☐ Titane ☐ Céramique technique
☐ Aluminium ☐ Bois ☐ Matières plastiques
☐ Platine ☐ Silicium ☐ Plaqués

FERMOIR :

☐ À boucle ardillon ☐ À boucle déployante double
☐ À boucle déployante simple ☐ Papillon à boucle invisible
☐ À clip ☐ Autres

VERRE :

☐ Acrylique ☐ Saphir ☐ Minéral ☐ Plexi ☐ Autre _____________

TYPES DE FINITIONS :

☐ Polissage ☐ Satinage ☐ Traitement pvd ☐ Microbillage

TYPES DE MONTRES :

☐ Classique ☐ Moderne ☐ Originale ☐ Numériques
☐ Chronographe ☐ Squelette ☐ Aviateur ☐ De plongée
☐ Militaire ☐ Vintage ☐ Quartz ☐ Automatique
☐ Extra plate ☐ Espace ☐ À gousset ☐ Grand format
☐ Luxe ☐ Sport

MOUVEMENT :

☐ Mécanique à remontage manuel ☐ Électronique à quartz solaire
☐ À remontage automatique ☐ Électronique à quartz kinétique
☐ Électronique à quartz ☐ Autre _____________

ÉTANCHÉITÉ :

☐ Water resist / 0 ATM   ☐ 50 Mètres / 5 ATM   ☐ 200 Mètres / 20 ATM

☐ 30 Mètres / 3 ATM   ☐ 100 Mètres / 10 ATM   ☐ 300 Mètres / 30 ATM

Révision étanchéïté le :

OPTIONS :

☐ Connectée / Bluetooth   ☐ GPS   ☐ GSM

☐ Autres :

Note ou particularité :

OCCASION :

☐ Ville

☐ Soirée

☐ Sport

☐ Loisir

☐ Autres

N°:

Mon Carnet de Montres

Fabricant / Marque : _____________________ Origine : _____________

Date d'aquisition : _____________ Prix : _________ n° article : _________

COULEURS : _______________________________________

BRACELET : ☐ Cuir ☐ Métal ☐ Plastique ☐ Tissus ☐ Caoutchouc ☐ Bois
☐ Nato ☐ Autres : _______________________

BOÎTIER FORME : ☐ Rond ☐ Rectangle ☐ Autre _______________

BOÎTIER MATIÈRE :

☐ Acier ☐ Or ☐ Bronze & laiton
☐ Carbone ☐ Titane ☐ Céramique technique
☐ Aluminium ☐ Bois ☐ Matières plastiques
☐ Platine ☐ Silicium ☐ Plaqués

FERMOIR :

☐ À boucle ardillon ☐ À boucle déployante double
☐ À boucle déployante simple ☐ Papillon à boucle invisible
☐ À clip ☐ Autres

VERRE :

☐ Acrylique ☐ Saphir ☐ Minéral ☐ Plexi ☐ Autre _______

TYPES DE FINITIONS :

☐ Polissage ☐ Satinage ☐ Traitement pvd ☐ Microbillage

TYPES DE MONTRES :

☐ Classique ☐ Moderne ☐ Originale ☐ Numériques
☐ Chronographe ☐ Squelette ☐ Aviateur ☐ De plongée
☐ Militaire ☐ Vintage ☐ Quartz ☐ Automatique
☐ Extra plate ☐ Espace ☐ À gousset ☐ Grand format
☐ Luxe ☐ Sport

MOUVEMENT :

☐ Mécanique à remontage manuel ☐ Électronique à quartz solaire
☐ À remontage automatique ☐ Électronique à quartz kinétique
☐ Électronique à quartz ☐ Autre _______________

ÉTANCHÉITÉ :

- [ ] Water resist / 0 ATM
- [ ] 30 Mètres / 3 ATM
- [ ] 50 Mètres / 5 ATM
- [ ] 100 Mètres / 10 ATM
- [ ] 200 Mètres / 20 ATM
- [ ] 300 Mètres / 30 ATM

Révision étanchéïté le :

OPTIONS :

- [ ] Connectée / Bluetooth
- [ ] GPS
- [ ] GSM
- [ ] Autres :

Note ou particularité :

OCCASION :

- [ ] Ville
- [ ] Soirée
- [ ] Sport
- [ ] Loisir
- [ ] Autres

N°:

Mon Carnet de Montres

Fabricant / Marque : _______________________   Origine : _______________________

Date d'aquisition : _______________   Prix : _______   n° article : _______________

COULEURS : ____

BRACELET : ☐ Cuir ☐ Métal ☐ Plastique ☐ Tissus ☐ Caoutchouc ☐ Bois
☐ Nato   ☐ Autres : _______________________

BOÎTIER FORME : ☐ Rond   ☐ Rectangle   ☐ Autre _______________

BOÎTIER MATIÈRE :

☐ Acier   ☐ Or   ☐ Bronze & laiton
☐ Carbone   ☐ Titane   ☐ Céramique technique
☐ Aluminium   ☐ Bois   ☐ Matières plastiques
☐ Platine   ☐ Silicium   ☐ Plaqués

FERMOIR :

☐ À boucle ardillon   ☐ À boucle déployante double
☐ À boucle déployante simple   ☐ Papillon à boucle invisible
☐ À clip   ☐ Autres

VERRE :

☐ Acrylique   ☐ Saphir   ☐ Minéral   ☐ Plexi   ☐ Autre _______________

TYPES DE FINITIONS :

☐ Polissage   ☐ Satinage   ☐ Traitement pvd   ☐ Microbillage

TYPES DE MONTRES :

☐ Classique   ☐ Moderne   ☐ Originale   ☐ Numériques
☐ Chronographe   ☐ Squelette   ☐ Aviateur   ☐ De plongée
☐ Militaire   ☐ Vintage   ☐ Quartz   ☐ Automatique
☐ Extra plate   ☐ Espace   ☐ À gousset   ☐ Grand format
☐ Luxe   ☐ Sport

MOUVEMENT :

☐ Mécanique à remontage manuel   ☐ Électronique à quartz solaire
☐ À remontage automatique   ☐ Électronique à quartz kinétique
☐ Électronique à quartz   ☐ Autre

ÉTANCHÉITÉ :

- ☐ Water resist / 0 ATM
- ☐ 30 Mètres / 3 ATM
- ☐ 50 Mètres / 5 ATM
- ☐ 100 Mètres / 10 ATM
- ☐ 200 Mètres / 20 ATM
- ☐ 300 Mètres / 30 ATM

Révision étanchéïté le :

OPTIONS :

- ☐ Connectée / Bluetooth
- ☐ GPS
- ☐ GSM
- ☐ Autres :

Note ou particularité :

OCCASION :

- ☐ Ville
- ☐ Soirée
- ☐ Sport
- ☐ Loisir
- ☐ Autres

N°:

Mon Carnet de Montres

Fabricant / Marque : _______________________ Origine : _______________

Date d'aquisition : _____________ Prix : __________ n° article : ___________

COULEURS : _______________________________________

BRACELET : ☐ Cuir ☐ Métal ☐ Plastique ☐ Tissus ☐ Caoutchouc ☐ Bois
☐ Nato ☐ Autres : _______________________________

BOÎTIER FORME : ☐ Rond ☐ Rectangle ☐ Autre _______________

BOÎTIER MATIÈRE :

☐ Acier ☐ Or ☐ Bronze & laiton
☐ Carbone ☐ Titane ☐ Céramique technique
☐ Aluminium ☐ Bois ☐ Matières plastiques
☐ Platine ☐ Silicium ☐ Plaqués

FERMOIR :

☐ À boucle ardillon ☐ À boucle déployante double
☐ À boucle déployante simple ☐ Papillon à boucle invisible
☐ À clip ☐ Autres

VERRE :

☐ Acrylique ☐ Saphir ☐ Minéral ☐ Plexi ☐ Autre _______________

TYPES DE FINITIONS :

☐ Polissage ☐ Satinage ☐ Traitement pvd ☐ Microbillage

TYPES DE MONTRES :

☐ Classique ☐ Moderne ☐ Originale ☐ Numériques
☐ Chronographe ☐ Squelette ☐ Aviateur ☐ De plongée
☐ Militaire ☐ Vintage ☐ Quartz ☐ Automatique
☐ Extra plate ☐ Espace ☐ À gousset ☐ Grand format
☐ Luxe ☐ Sport

MOUVEMENT :

☐ Mécanique à remontage manuel ☐ Électronique à quartz solaire
☐ À remontage automatique ☐ Électronique à quartz kinétique
☐ Électronique à quartz ☐ Autre _______________

ÉTANCHÉITÉ :

☐ Water resist / 0 ATM   ☐ 50 Mètres / 5 ATM   ☐ 200 Mètres / 20 ATM

☐ 30 Mètres / 3 ATM   ☐ 100 Mètres / 10 ATM   ☐ 300 Mètres / 30 ATM

Révision étanchéïté le :

OPTIONS :

☐ Connectée / Bluetooth   ☐ GPS   ☐ GSM

☐ Autres :

Note ou particularité :

OCCASION :

☐ Ville

☐ Soirée

☐ Sport

☐ Loisir

☐ Autres

N° :

Mon Carnet de Montres

Fabricant / Marque : ________________________   Origine : ________________________

Date d'aquisition : ________________   Prix : ____________   n° article : ____________

COULEURS : ________________________

BRACELET : ☐ Cuir ☐ Métal ☐ Plastique ☐ Tissus ☐ Caoutchouc ☐ Bois

☐ Nato   ☐ Autres : ________________________

BOÎTIER FORME : ☐ Rond   ☐ Rectangle   ☐ Autre ________________

BOÎTIER MATIÈRE :

☐ Acier   ☐ Or   ☐ Bronze & laiton
☐ Carbone   ☐ Titane   ☐ Céramique technique
☐ Aluminium   ☐ Bois   ☐ Matières plastiques
☐ Platine   ☐ Silicium   ☐ Plaqués

FERMOIR :

☐ À boucle ardillon   ☐ À boucle déployante double
☐ À boucle déployante simple   ☐ Papillon à boucle invisible
☐ À clip   ☐ Autres

VERRE :

☐ Acrylique   ☐ Saphir   ☐ Minéral   ☐ Plexi   ☐ Autre ____________

TYPES DE FINITIONS :

☐ Polissage   ☐ Satinage   ☐ Traitement pvd   ☐ Microbillage

TYPES DE MONTRES :

☐ Classique   ☐ Moderne   ☐ Originale   ☐ Numériques
☐ Chronographe   ☐ Squelette   ☐ Aviateur   ☐ De plongée
☐ Militaire   ☐ Vintage   ☐ Quartz   ☐ Automatique
☐ Extra plate   ☐ Espace   ☐ À gousset   ☐ Grand format
☐ Luxe   ☐ Sport

MOUVEMENT :

☐ Mécanique à remontage manuel   ☐ Électronique à quartz solaire
☐ À remontage automatique   ☐ Électronique à quartz kinétique
☐ Électronique à quartz   ☐ Autre

ÉTANCHÉITÉ :

☐ Water resist / 0 ATM ☐ 50 Mètres / 5 ATM ☐ 200 Mètres / 20 ATM
☐ 30 Mètres / 3 ATM ☐ 100 Mètres / 10 ATM ☐ 300 Mètres / 30 ATM

Révision étanchéïté le :

OPTIONS :

☐ Connectée / Bluetooth ☐ GPS ☐ GSM

☐ Autres :

Note ou particularité :

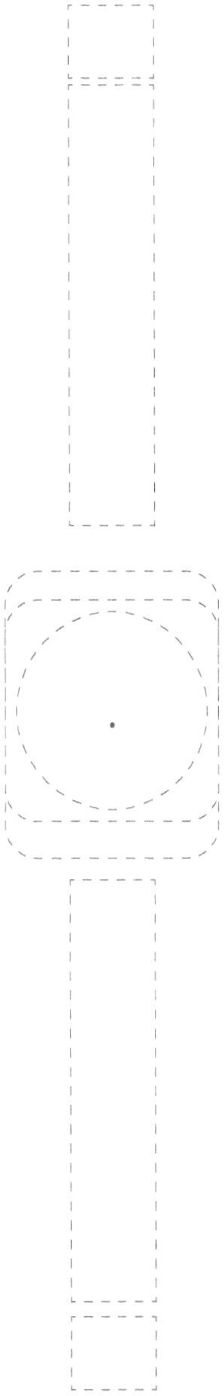

OCCASION :

☐ Ville
☐ Soirée
☐ Sport
☐ Loisir
☐ Autres

N° :

Mon Carnet de Montres

Fabricant / Marque : _______________________ Origine : _______________

Date d'aquisition : _____________ Prix : ___________ n° article : _____________

COULEURS : ____

BRACELET : ☐ Cuir ☐ Métal ☐ Plastique ☐ Tissus ☐ Caoutchouc ☐ Bois

☐ Nato ☐ Autres : _________________________________

BOÎTIER FORME : ☐ Rond ☐ Rectangle ☐ Autre ______________

BOÎTIER MATIÈRE :

☐ Acier ☐ Or ☐ Bronze & laiton

☐ Carbone ☐ Titane ☐ Céramique technique

☐ Aluminium ☐ Bois ☐ Matières plastiques

☐ Platine ☐ Silicium ☐ Plaqués

FERMOIR :

☐ À boucle ardillon ☐ À boucle déployante double

☐ À boucle déployante simple ☐ Papillon à boucle invisible

☐ À clip ☐ Autres

VERRE :

☐ Acrylique ☐ Saphir ☐ Minéral ☐ Plexi ☐ Autre ______________

TYPES DE FINITIONS :

☐ Polissage ☐ Satinage ☐ Traitement pvd ☐ Microbillage

TYPES DE MONTRES :

☐ Classique ☐ Moderne ☐ Originale ☐ Numériques

☐ Chronographe ☐ Squelette ☐ Aviateur ☐ De plongée

☐ Militaire ☐ Vintage ☐ Quartz ☐ Automatique

☐ Extra plate ☐ Espace ☐ À gousset ☐ Grand format

☐ Luxe ☐ Sport

MOUVEMENT :

☐ Mécanique à remontage manuel ☐ Électronique à quartz solaire

☐ À remontage automatique ☐ Électronique à quartz kinétique

☐ Électronique à quartz ☐ Autre ______________

ÉTANCHÉITÉ :

- ☐ Water resist / 0 ATM
- ☐ 50 Mètres / 5 ATM
- ☐ 200 Mètres / 20 ATM
- ☐ 30 Mètres / 3 ATM
- ☐ 100 Mètres / 10 ATM
- ☐ 300 Mètres / 30 ATM

Révision étanchéïté le :

OPTIONS :

- ☐ Connectée / Bluetooth
- ☐ GPS
- ☐ GSM
- ☐ Autres :

Note ou particularité :

OCCASION :

- ☐ Ville
- ☐ Soirée
- ☐ Sport
- ☐ Loisir
- ☐ Autres

N°:

Mon Carnet de Montres

Fabricant / Marque : _______________________   Origine : _______________________

Date d'aquisition : _____________   Prix : _____________   n° article : _____________

COULEURS : _______________________

BRACELET : ☐ Cuir ☐ Métal ☐ Plastique ☐ Tissus ☐ Caoutchouc ☐ Bois

☐ Nato   ☐ Autres : _______________________

BOÎTIER FORME : ☐ Rond   ☐ Rectangle   ☐ Autre _______________________

BOÎTIER MATIÈRE :

☐ Acier   ☐ Or   ☐ Bronze & laiton
☐ Carbone   ☐ Titane   ☐ Céramique technique
☐ Aluminium   ☐ Bois   ☐ Matières plastiques
☐ Platine   ☐ Silicium   ☐ Plaqués

FERMOIR :

☐ À boucle ardillon   ☐ À boucle déployante double
☐ À boucle déployante simple   ☐ Papillon à boucle invisible
☐ À clip   ☐ Autres

VERRE :

☐ Acrylique ☐ Saphir ☐ Minéral ☐ Plexi ☐ Autre _______________________

TYPES DE FINITIONS :

☐ Polissage   ☐ Satinage   ☐ Traitement pvd   ☐ Microbillage

TYPES DE MONTRES :

☐ Classique   ☐ Moderne   ☐ Originale   ☐ Numériques
☐ Chronographe   ☐ Squelette   ☐ Aviateur   ☐ De plongée
☐ Militaire   ☐ Vintage   ☐ Quartz   ☐ Automatique
☐ Extra plate   ☐ Espace   ☐ À gousset   ☐ Grand format
☐ Luxe   ☐ Sport

MOUVEMENT :

☐ Mécanique à remontage manuel   ☐ Électronique à quartz solaire
☐ À remontage automatique   ☐ Électronique à quartz kinétique
☐ Électronique à quartz   ☐ Autre

ÉTANCHÉITÉ :

- ☐ Water resist / 0 ATM
- ☐ 30 Mètres / 3 ATM
- ☐ 50 Mètres / 5 ATM
- ☐ 100 Mètres / 10 ATM
- ☐ 200 Mètres / 20 ATM
- ☐ 300 Mètres / 30 ATM

Révision étanchéïté le :

OPTIONS :

- ☐ Connectée / Bluetooth
- ☐ GPS
- ☐ GSM
- ☐ Autres :

Note ou particularité :

OCCASION :

- ☐ Ville
- ☐ Soirée
- ☐ Sport
- ☐ Loisir
- ☐ Autres

N°:

Mon Carnet de Montres

Fabricant / Marque : ______________________   Origine : ______________________

Date d'aquisition : ______________   Prix : ____________   n° article : ____________

COULEURS :

BRACELET : ☐ Cuir ☐ Métal ☐ Plastique ☐ Tissus ☐ Caoutchouc ☐ Bois
☐ Nato   ☐ Autres : ______________

BOÎTIER FORME : ☐ Rond   ☐ Rectangle   ☐ Autre ______________

BOÎTIER MATIÈRE :

☐ Acier   ☐ Or   ☐ Bronze & laiton
☐ Carbone   ☐ Titane   ☐ Céramique technique
☐ Aluminium   ☐ Bois   ☐ Matières plastiques
☐ Platine   ☐ Silicium   ☐ Plaqués

FERMOIR :

☐ À boucle ardillon   ☐ À boucle déployante double
☐ À boucle déployante simple   ☐ Papillon à boucle invisible
☐ À clip   ☐ Autres

VERRE :

☐ Acrylique   ☐ Saphir   ☐ Minéral   ☐ Plexi   ☐ Autre ______________

TYPES DE FINITIONS :

☐ Polissage   ☐ Satinage   ☐ Traitement pvd   ☐ Microbillage

TYPES DE MONTRES :

☐ Classique   ☐ Moderne   ☐ Originale   ☐ Numériques
☐ Chronographe   ☐ Squelette   ☐ Aviateur   ☐ De plongée
☐ Militaire   ☐ Vintage   ☐ Quartz   ☐ Automatique
☐ Extra plate   ☐ Espace   ☐ À gousset   ☐ Grand format
☐ Luxe   ☐ Sport

MOUVEMENT :

☐ Mécanique à remontage manuel   ☐ Électronique à quartz solaire
☐ À remontage automatique   ☐ Électronique à quartz kinétique
☐ Électronique à quartz   ☐ Autre

ÉTANCHÉITÉ :

- ☐ Water resist / 0 ATM
- ☐ 30 Mètres / 3 ATM
- ☐ 50 Mètres / 5 ATM
- ☐ 100 Mètres / 10 ATM
- ☐ 200 Mètres / 20 ATM
- ☐ 300 Mètres / 30 ATM

Révision étanchéïté le :

OPTIONS :

- ☐ Connectée / Bluetooth
- ☐ GPS
- ☐ GSM
- ☐ Autres :

Note ou particularité :

OCCASION :

- ☐ Ville
- ☐ Soirée
- ☐ Sport
- ☐ Loisir
- ☐ Autres

N°:

Mon Carnet de Montres

Fabricant / Marque : _______________________ Origine : _______________________

Date d'aquisition : _______________ Prix : _______________ n° article : _______________

COULEURS : _______________________

BRACELET : ☐ Cuir ☐ Métal ☐ Plastique ☐ Tissus ☐ Caoutchouc ☐ Bois
☐ Nato ☐ Autres : _______________________

BOÎTIER FORME : ☐ Rond ☐ Rectangle ☐ Autre _______________

BOÎTIER MATIÈRE :

☐ Acier ☐ Or ☐ Bronze & laiton
☐ Carbone ☐ Titane ☐ Céramique technique
☐ Aluminium ☐ Bois ☐ Matières plastiques
☐ Platine ☐ Silicium ☐ Plaqués

FERMOIR :

☐ À boucle ardillon ☐ À boucle déployante double
☐ À boucle déployante simple ☐ Papillon à boucle invisible
☐ À clip ☐ Autres

VERRE :

☐ Acrylique ☐ Saphir ☐ Minéral ☐ Plexi ☐ Autre _______________

TYPES DE FINITIONS :

☐ Polissage ☐ Satinage ☐ Traitement pvd ☐ Microbillage

TYPES DE MONTRES :

☐ Classique ☐ Moderne ☐ Originale ☐ Numériques
☐ Chronographe ☐ Squelette ☐ Aviateur ☐ De plongée
☐ Militaire ☐ Vintage ☐ Quartz ☐ Automatique
☐ Extra plate ☐ Espace ☐ À gousset ☐ Grand format
☐ Luxe ☐ Sport

MOUVEMENT :

☐ Mécanique à remontage manuel ☐ Électronique à quartz solaire
☐ À remontage automatique ☐ Électronique à quartz kinétique
☐ Électronique à quartz ☐ Autre _______________

ÉTANCHÉITÉ :

- ☐ Water resist / 0 ATM
- ☐ 30 Mètres / 3 ATM
- ☐ 50 Mètres / 5 ATM
- ☐ 100 Mètres / 10 ATM
- ☐ 200 Mètres / 20 ATM
- ☐ 300 Mètres / 30 ATM

Révision étanchéïté le :

OPTIONS :

- ☐ Connectée / Bluetooth
- ☐ GPS
- ☐ GSM
- ☐ Autres :

Note ou particularité :

OCCASION :

- ☐ Ville
- ☐ Soirée
- ☐ Sport
- ☐ Loisir
- ☐ Autres

N° :

Mon Carnet de Montres

Fabricant / Marque : ______________________   Origine : ______________

Date d'aquisition : ____________   Prix : ____________   n° article : ____________

COULEURS : ______________________

BRACELET : ☐ Cuir ☐ Métal ☐ Plastique ☐ Tissus ☐ Caoutchouc ☐ Bois
☐ Nato ☐ Autres : ______________________

BOÎTIER FORME : ☐ Rond ☐ Rectangle ☐ Autre ______________

BOÎTIER MATIÈRE :

☐ Acier ☐ Or ☐ Bronze & laiton
☐ Carbone ☐ Titane ☐ Céramique technique
☐ Aluminium ☐ Bois ☐ Matières plastiques
☐ Platine ☐ Silicium ☐ Plaqués

FERMOIR :

☐ À boucle ardillon ☐ À boucle déployante double
☐ À boucle déployante simple ☐ Papillon à boucle invisible
☐ À clip ☐ Autres

VERRE :

☐ Acrylique ☐ Saphir ☐ Minéral ☐ Plexi ☐ Autre ______________

TYPES DE FINITIONS :

☐ Polissage ☐ Satinage ☐ Traitement pvd ☐ Microbillage

TYPES DE MONTRES :

☐ Classique ☐ Moderne ☐ Originale ☐ Numériques
☐ Chronographe ☐ Squelette ☐ Aviateur ☐ De plongée
☐ Militaire ☐ Vintage ☐ Quartz ☐ Automatique
☐ Extra plate ☐ Espace ☐ À gousset ☐ Grand format
☐ Luxe ☐ Sport

MOUVEMENT :

☐ Mécanique à remontage manuel ☐ Électronique à quartz solaire
☐ À remontage automatique ☐ Électronique à quartz kinétique
☐ Électronique à quartz ☐ Autre

ÉTANCHÉITÉ :

- ☐ Water resist / 0 ATM
- ☐ 30 Mètres / 3 ATM
- ☐ 50 Mètres / 5 ATM
- ☐ 100 Mètres / 10 ATM
- ☐ 200 Mètres / 20 ATM
- ☐ 300 Mètres / 30 ATM

Révision étanchéité le :

OPTIONS :

- ☐ Connectée / Bluetooth   ☐ GPS   ☐ GSM
- ☐ Autres :

Note ou particularité :

OCCASION :

- ☐ Ville
- ☐ Soirée
- ☐ Sport
- ☐ Loisir
- ☐ Autres

N° :

Mon Carnet de Montres

Fabricant / Marque : _______________________   Origine : _______________________

Date d'aquisition : _______________   Prix : _____________   n° article : _______________

COULEURS : ____

BRACELET : ☐ Cuir   ☐ Métal   ☐ Plastique   ☐ Tissus   ☐ Caoutchouc   ☐ Bois
☐ Nato   ☐ Autres : _______________________

BOÎTIER FORME : ☐ Rond   ☐ Rectangle   ☐ Autre _______________

BOÎTIER MATIÈRE :

☐ Acier   ☐ Or   ☐ Bronze & laiton
☐ Carbone   ☐ Titane   ☐ Céramique technique
☐ Aluminium   ☐ Bois   ☐ Matières plastiques
☐ Platine   ☐ Silicium   ☐ Plaqués

FERMOIR :

☐ À boucle ardillon   ☐ À boucle déployante double
☐ À boucle déployante simple   ☐ Papillon à boucle invisible
☐ À clip   ☐ Autres

VERRE :

☐ Acrylique   ☐ Saphir   ☐ Minéral   ☐ Plexi   ☐ Autre _______________

TYPES DE FINITIONS :

☐ Polissage   ☐ Satinage   ☐ Traitement pvd   ☐ Microbillage

TYPES DE MONTRES :

☐ Classique   ☐ Moderne   ☐ Originale   ☐ Numériques
☐ Chronographe   ☐ Squelette   ☐ Aviateur   ☐ De plongée
☐ Militaire   ☐ Vintage   ☐ Quartz   ☐ Automatique
☐ Extra plate   ☐ Espace   ☐ À gousset   ☐ Grand format
☐ Luxe   ☐ Sport

MOUVEMENT :

☐ Mécanique à remontage manuel   ☐ Électronique à quartz solaire
☐ À remontage automatique   ☐ Électronique à quartz kinétique
☐ Électronique à quartz   ☐ Autre

ÉTANCHÉITÉ :

- [ ] Water resist / 0 ATM
- [ ] 30 Mètres / 3 ATM
- [ ] 50 Mètres / 5 ATM
- [ ] 100 Mètres / 10 ATM
- [ ] 200 Mètres / 20 ATM
- [ ] 300 Mètres / 30 ATM

Révision étanchéïté le :

OPTIONS :

- [ ] Connectée / Bluetooth
- [ ] GPS
- [ ] GSM
- [ ] Autres :

Note ou particularité :

OCCASION :

- [ ] Ville
- [ ] Soirée
- [ ] Sport
- [ ] Loisir
- [ ] Autres

N°:

Mon Carnet de Montres

Fabricant / Marque : _______________________ Origine : _______________

Date d'aquisition : ____________ Prix : __________ n° article : __________

COULEURS : _______________________________________

BRACELET : ☐ Cuir ☐ Métal ☐ Plastique ☐ Tissus ☐ Caoutchouc ☐ Bois
☐ Nato ☐ Autres : _______________

BOÎTIER FORME : ☐ Rond ☐ Rectangle ☐ Autre _______________

BOÎTIER MATIÈRE :

☐ Acier ☐ Or ☐ Bronze & laiton
☐ Carbone ☐ Titane ☐ Céramique technique
☐ Aluminium ☐ Bois ☐ Matières plastiques
☐ Platine ☐ Silicium ☐ Plaqués

FERMOIR :

☐ À boucle ardillon ☐ À boucle déployante double
☐ À boucle déployante simple ☐ Papillon à boucle invisible
☐ À clip ☐ Autres

VERRE :

☐ Acrylique ☐ Saphir ☐ Minéral ☐ Plexi ☐ Autre _______________

TYPES DE FINITIONS :

☐ Polissage ☐ Satinage ☐ Traitement pvd ☐ Microbillage

TYPES DE MONTRES :

☐ Classique ☐ Moderne ☐ Originale ☐ Numériques
☐ Chronographe ☐ Squelette ☐ Aviateur ☐ De plongée
☐ Militaire ☐ Vintage ☐ Quartz ☐ Automatique
☐ Extra plate ☐ Espace ☐ À gousset ☐ Grand format
☐ Luxe ☐ Sport

MOUVEMENT :

☐ Mécanique à remontage manuel ☐ Électronique à quartz solaire
☐ À remontage automatique ☐ Électronique à quartz kinétique
☐ Électronique à quartz ☐ Autre

ÉTANCHÉITÉ :

☐ Water resist / 0 ATM   ☐ 50 Mètres / 5 ATM   ☐ 200 Mètres / 20 ATM
☐ 30 Mètres / 3 ATM   ☐ 100 Mètres / 10 ATM   ☐ 300 Mètres / 30 ATM

Révision étanchéité le :

OPTIONS :

☐ Connectée / Bluetooth   ☐ GPS   ☐ GSM

☐ Autres :

Note ou particularité :

OCCASION :

☐ Ville
☐ Soirée
☐ Sport
☐ Loisir
☐ Autres

N°:

9 798646 861840